强村富民话白茶

本书编委会 编

中国社会科学出版社

图书在版编目（CIP）数据

强村富民话白茶/本书编委会编 . —北京：中国社会科学
出版社，2011 . 9
　ISBN 978-7-5161-0110-0

Ⅰ . ①强…　Ⅱ . ①本…　Ⅲ . ①茶-文化-福鼎市 Ⅳ . ①TS971

中国版本图书馆CIP数据核字（2011）第184779号

责任编辑　王　斌
责任校对　王俊超
封面设计　福鼎市茶产办
技术编辑　王炳图　王　超

出版发行　中国社会科学出版社
社　　址　北京鼓楼西大街甲158号　　邮　编　100720
电　　话　010-84029450（邮购）
网　　址　http://www.csspw.cn
经　　销　新华书店
印　　刷　北京画中画印刷有限公司
版　　次　2011年9月第1版　　　印　次　2011年9月第1次印刷
开　　本　787×1092　1/16
印　　张　17
字　　数　200千字
定　　价　45.00元

序一 / I

序二 / III

序三 / V

第一篇 一项白茶产业的复兴决策

解密"福鼎白茶"产业复兴路线图 / 002

福鼎白茶的嬗变之路 / 009

"福鼎白茶"的背后推力 / 013

政企联手的"共振效应" / 017

第二篇 一大品牌打造的艰辛历程

规模、标准、品牌 / 024

福鼎白茶品牌价值逾22亿 / 028

"福鼎白茶"荣膺中国驰名商标 / 030

"白茶国标"落户福鼎 / 031

第三篇 一份高雅礼品的真情奉献

市长牵手三军仪仗队 / 034

白茶珍品奉献劳模代表 / 037

第四篇 一抹白茗香气的广为传播

首届福鼎开茶节开幕 / 040

目录

首届中国白茶文化节在福鼎举行　全国百佳茶馆经理感受白茶魅力 / 042

第四届海峡两岸茶业博览会福鼎参展成果丰硕 / 044

闽台联手打造世界白茶中心 / 047

福鼎白茶扬名京城 / 049

西岸东岸一水依　白茶白酒两相宜 / 050

福鼎白茶参加首届香港国际茶展 / 052

福鼎白茶香飘上海国际茶博会 / 054

"白茶仙子"献艺两岸妇女交流活动 / 056

唱响"闽茶中国行"上海站 / 059

百名记者福州三坊七巷话白茶 / 063

闪耀"厦门国际茶业展览会" / 065

牵手北京国际茶城打造"中国白茶第一品牌" / 067

广州茶博会：万名"老广"品福鼎白茶 / 069

"热爱家乡·推介白茶"福鼎茶商大会召开 / 071

福鼎白茶携手上海"红娘" / 073

"全国百名作家看白茶"中国散文笔会在福鼎举行 / 074

第五篇　一次世博名茶的深远影响

借力世博会　谋求新跨越 / 080

中国世博会选出"白茶仙子" / 082

"白茶仙子"　下凡上海滩 / 084

"白茶仙子"惊艳上海世博园 / 086

"白茶仙子"为习副主席奉茶 / 088

福鼎白茶正式入驻世博会联合国馆 / 090

福鼎向联合国赠送白茶 / 092

"世博"让福鼎白茶更精彩 / 095

福鼎白茶荣获联合国专用茶证书 / 102

福鼎白茶迎来"后世博经济"时代 / 105

第六篇　一座千年古墓的白茶惊奇

西安古墓惊现千年极品白茶 / 110

白茶制作技艺入选国家级非物质文化遗产名录 / 116

第七篇　一位百岁茶人的健康秘诀

"我喝白茶，我健康！" / 120

为什么是福鼎白茶 / 124

韩驰：白茶可缓解焦虑 / 129

白茶的健康新概念 / 130

寿眉何以在广州茶楼成为当家茶？ / 132

白茶枕"枕"出健康 / 134

第八篇　一代新型茶农的致富之路

林健：闽东茶业探路者 / 138

林型彪：茶农致富引路人 / 141

周庆贺：诚信为本闯花城 / 144

林有希：夫妻情注"绿雪芽" / 149

方守龙：深藏不露的"大专家" / 155

王成龙：京城茶街见证者 / 159

庄长强：茶枕寄托创业梦 / 163

陈龙标：人生如茶细细品 / 167

陈瑞芳：人生一品有禅茶 / 170

纪孔玉：种茶致富"第二春" / 173

张茂住：江南孔村有茶人 / 177

吴仁：翠郊大宅续茶事 / 179

张茂座：勇立潮头闯市场 / 181

张小苏：八亩茶园致富路 / 185

梅相靖：茶业世家今胜昔 / 187

陈家铜：家乡茶香飘京城 / 189

张郑库：白茶健康倡饮者 / 191

第九篇 一批白茶村企的异军突起

点头镇：茶贸富镇茶企强镇 / 196

白琳镇：一茶繁荣满园春色 / 200

柏柳村：打造中国白茶第一村 / 205

棠园村：一株白茶全村希望 / 209

品品香：大步拓展国内市场 / 212

广福：带领茶农共同致富 / 215

郑源：奇茗源远艺传天下 / 217

天毫：年轻茶企突围崛起 / 221

裕荣香：依靠科技树立品牌 / 225

芳茗：最美岛屿 最好白茶 / 228

绿叶：一片绿叶可知青山 / 233

誉达：白茶饮料闪亮登场 / 237

瑞达：定位高质打造高端 / 240

福鼎白茶大事记 / 242

编 后 / 256

由福建省扶贫开发协会、福鼎市人民政府、闽东日报社联合主办的"强村富民话白茶"征文活动开展以来，得到海内外广大有识之士的积极响应。许多新闻工作者、文学爱好者以及摄影爱好者纷纷执笔撰文，提机拍照，赞颂白茶之功效，讴歌白茶之发展，描述白茶给当地农民带来"富矿"，见证白茶给村镇、企业带来生机……文章体裁多样，内容丰富精彩，收到了预期的效果。

　　白茶，在当今茶类诸多品种中之所以能够声名鹊起，首先有赖于白茶具有地域唯一、工艺天然、功效独显的三大特征，尤以其降火消炎、康体养颜等显著保健功能而久负盛名。陆羽《茶经》中记载："永嘉县东三百里有白茶山。"据著名茶叶专家考证并在《茶业通史》中记载，永嘉县东三百里的白茶山即福鼎境内的太姥山。白茶的功效史有定义，近代及现代尤为突出。据2007年英国权威杂志《最佳营养学》推荐，多喝白茶有益健康。伦敦金斯顿大学生命科学院德克兰·诺顿教授研究显示：白茶具有抗衰老的作用，所含的抗氧化剂较高，有助于预防癌症和心脏病。茶界泰斗张天福，已逾百岁高龄，2010年秋天在福州三坊七巷白茶座谈会上，他身体硬朗、精神抖擞地站在讲台感慨良多地说："我每天起早饮用一大杯白茶，它使我清脑轻身，益寿延年啊！"张天福逢人便夸白茶，胜似万千广告。于是乎，青睐白茶者，纷至沓来。

　　白茶，在福鼎这几年之所以能够达到复兴之旺、推广之盛，有赖于当地党政领导的高度重视与大力支持。他们着实在领导上强化，在政策上激励，在机制上保障，在投入上倾斜，在科技上创新，在质量上提升。他们不仅把白茶生产列入全市经济重中之重的位置，而且在产销、质量上层层狠抓，环环紧扣。全市推广无公害茶园21万亩，建立3.8万亩有机茶基地，成为全省最早实施、推广有机茶园绿色食品基地建设的县市。为了提高茶农科技种茶的水平，每年投入100多万元，分期、分批请专家到各乡镇对茶农们进行培训指导。市委、市政府领导千方百计"搭台唱戏",营造白茶声誉,疏通销售渠道。时任市长的倪政云书记还亲自进京为中国人民解放军三军仪仗队进献白茶,签署特供协议。由于多方努力,福鼎白茶不但入选"奥运五环茶"、"中国申奥第一茶"、"中国世博十大名茶",还先后获得"中国名牌农产品"、"国家地理标志保护产品"、"国家地理标志证明商标"、"中国驰名商标"、"中华文化名茶"等殊荣。

白茶,在扶贫开发生产中之所以能够成为强村富民的项目,有赖于相关部门、广大企业家与茶农们的联手协作。茶叶能否产生经济效益,出路在于市场销售。作为茶叶生产的主管部门,他们积极组建推进村级茶叶产业合作社,把农户分散经营的茶园通过合作社形式集中起来形成规模,提高茶农集约化生产程度,降低农残,提升品质与效益。此外,鼓励广大茶农、茶商和茶叶企业,纷纷到全国各地开设茶庄、茶馆、茶店,建立销售网点,抢占茶叶市场,涌现了许多可歌可赞的企业家。在本书收集篇章中,诸如"诚信为本闯花城"中的周庆贺、"闽东茶业探路者"中的林健、"白茶健康倡饮者"中的张郑库、"在茶叶里做文章"中的庄长强、"茶都骄子"中的林型彪、"家乡茶香飘京城"中的陈家铜,等等。因而,出现了"福鼎白茶扬名京城"、"一茶繁荣引来满园春"、"柏柳打造中国白茶第一村"……

福鼎白茶产业的发展实践证明,这是一条为农民增收、为农业增效、为社会主义新农村建设作出贡献的致富之路,也是一项因地制宜、开发特产、短期见效的利好项目。我们开展专题征文活动,遴选相当部分的文章汇编成此书,旨在"一石激起千层浪",倡议各地领导认清当地优势所在,看准扶贫开发项目,一抓到底,抓出成效,为实现"十二五"规划的宏伟蓝图增色添彩。

(作者系福建省政协原副主席,福建省扶贫开发协会、扶贫基金会会长)

白茶是我国特有的茶类，自古以来就有许多关于白茶清凉解毒、治疗养护麻疹患者的记载，因此是早期漂洋过海出外谋生的华侨作为克服水土不服、养生保健的重要良方，一直以来深受海内外饮茶者所喜爱。因此，白茶是我国传统的外销茶类中，被广泛认为最具保健功效的茶叶之一，在国际市场上占有相当重要的地位。

　　福鼎地处闽东北地区，是福建的北大门，素有"世界白茶在中国，中国白茶在福鼎"之誉。有史以来，秉承山水灵秀和区域特色文化的福鼎人民，以发展的理念、无穷的智慧、辛勤的创造，培育和造就了独具地方特色和韵味的茶人茶树茶文化、茶园茶业茶之乡，有力地推动了经济发展和社会进步，福鼎白茶也正以其古老的历史、自然的品质、健康的功效、深邃的文化以及和谐的特性，凝结着"勤俭朴素、清正廉明、和衷共济、宁静致远"之内涵的中国茶文化精髓，承载着福鼎人民传承和弘扬优秀文明成果的民族情感及推动产业发展繁荣、加快全面建设小康社会的创业激情。尤其是近几年来，福鼎市委、市政府极为重视茶产业的发展，为了让人们了解福鼎白茶，他们通过各种渠道宣传、推介福鼎白茶，"强村富民话白茶"主题征文的开展与作品集的出版就是一个很好的明证。

　　我在福鼎工作期间，曾多次深入基层考察白茶的生产、加工、销售等环节，对源于自然的白茶有了更深刻的了解和深厚的感情，切身感受到茶

序二

倪政云

叶对于福鼎广大群众物质和文化生活之重要，对流传着的各种古老而富有创新精神的茶俗、茶艺、茶歌、茶诗、茶舞等宝贵资源赞叹不已，从而也不断在茶香、茶色、茶味、茶韵中启发性情，磨砺心灵，产生好感。这里的白茶名不虚传，这里的茶人朴实无华，这里的茶企欣欣向荣！

大力发展茶产业，加快发展茶经济，传播弘扬茶文化，努力为群众办实事、让老百姓得实惠，是福鼎发挥茶叶资源和文化优势，促进农业增效、农民增收，加快社会主义新农村建设的有效途径，也是党委、政府义不容辞的责任。我虽然已调离福鼎，但我依然热诚地向广大消费者推介白茶，同时，希望福鼎的白茶产业越做越强、越做越大，真正成为福鼎全面建设小康社会的一项重要经济保障。

值此谨祝福鼎白茶香飘世界，祝福鼎茶乡繁荣昌盛！

（作者系原福鼎市委书记，现任宁德市委常委、福安市委书记）

福鼎，聚福之地，鼎盛之邦。这方热土，位于闽浙交界，地处山海之间。山川秀美，风景名胜众多；水域辽阔，海岸线漫长。鱼米之乡，物产丰富；文化灿烂，民风淳朴；人杰地灵，英才辈出。

福鼎依山傍海，自然生态环境良好，境内有国家级风景名胜区、世界地质公园、国家4A级旅游风景区、国家自然遗产"海上仙都"太姥山和"中国最美十大海岛"之一的嵛山岛。全市森林覆盖率达65%，空气质量长期居福建省前列。特殊的地理气候条件和优越的自然生态环境，孕育繁衍了福鼎大白茶、福鼎大毫茶等国优茶树良种。福鼎是中国白茶的原产地，"中国白茶之乡"、"中国名茶之乡"、"中国茶文化之乡"，享有"世界白茶在中国，中国白茶在福鼎"之美誉。福鼎白茶具有地域唯一、工艺天然、功效独特三大特征，并以其降火消炎、康体养颜等显著保健作用而久负盛名，是最原始、最自然、最健康的茶类珍品，先后获得"中国驰名商标"、"中国名牌农产品"、"国家地理标志保护产品"、"国家地理标志证明商标"、"奥运五环茶"、"中国申奥第一茶"、"中华文化名茶"、"中国人民解放军三军仪仗队特供用茶"等荣誉称号，福鼎白茶制作技艺被列入国家级非物质文化遗产名录。举世瞩目的世博会在上海举办，福鼎白茶又一次成功入选"中国世博十大名茶"。福鼎白茶已被饮茶者公认为旅行茶、降火茶、养颜茶、伴侣茶、梦之茶。

近年来，福鼎市委、市政府高度重视茶产业尤其是白茶产业的发展，不断推动和促进福鼎茶产业快速、健康、持续发展。全市目前茶园总面积21万亩，年产茶叶1.66万吨，涉茶总产值15.6亿元，其中白茶产量4500吨，产值5.6亿元。福鼎茶产业尤其是白茶产业为农业增效、农民增收、社会主

序三

陈其春　程树平

义新农村建设作出了重要的贡献。

茶是传统的健康饮料、文明饮料、和谐饮料。喝茶有益健康，品茶陶冶情操。由福建省扶贫开发协会、福鼎市人民政府、闽东日报社联合主办的"强村富民话白茶"主题征文活动在海内外开展以来，吸引了众多力量参与、促进福鼎白茶产业又好又快发展。我们要借《强村富民话白茶》一书出版的东风，以继承和发扬优秀的茶文化、发展茶产业为主线，坚持服务民生、打造品牌、做强产业、促农增收的要求，实现政府搭台、企业唱戏，大力倡导"感受白茶·乐享健康"，从品饮福鼎白茶中了解茶文化的独特魅力、丰富内涵。衷心希望通过《强村富民话白茶》一书出版，让更多的人体会福鼎白茶这朵茶中奇葩，从而进一步提升福鼎白茶的知名度和美誉度。

海西白茶韵味长，名茶之乡四海扬。福鼎白茶正以其古老的历史、优良的品质、卓越的品味、深厚的内涵、健康的功效、和谐的特性走向全国，走向世界。福鼎市委、市政府将坚持把发展壮大白茶产业作为一项重要的民生工程，以市场为导向、以基地为依托、以科技为手段，继续推进有机茶园、绿色食品标志茶园和无公害茶园建设，努力把优秀的品牌、高质量的产品不断推向市场。借用2008年中国白茶文化节专家高峰论坛《福鼎白茶共识》的话作为结束语："我们相信，福鼎白茶，这颗茶界的璀璨明珠必将为人类健康造福，为构建和谐社会作出巨大贡献！"

是为序。

（陈其春系中共福鼎市委书记，程树平系福鼎市人民政府代市长）

一项白茶产业的复兴决策

作为外销茶叶的福鼎白茶早在150年前就饮誉海外，但在国内知名度却不高。新一届福鼎市委、市政府决策层敏锐地察觉到"福鼎白茶"这一产业将迎来大发展的难得机遇期，提出了把福鼎白茶品牌做强做大的战略：遵循"自然·健康·和谐"的兴茶理念，从基础工作做起，抓好茶园基地建设和茶叶质量安全体系建设，推进茶叶的标准化、产业化、清洁化生产，外销内销并举，拓展销售通道；从打造公共品牌做起，做足茶文化文章，从区域品牌到民族品牌再到世界品牌……

我们清晰地发现，在"强村富民"和"自然·健康·和谐"发展战略和理念的正确指引下，新世纪的福鼎茶产业发展始终连接着质量、市场、品牌、文化……政府拾级而上式的引导，使福鼎茶业从粗放型生产经营步入精耕细作、集约经营轨道。

第一篇

解密"福鼎白茶"产业复兴路线图

"世界白茶在中国，中国白茶在福鼎。"福鼎白茶历史悠久，是中国六大茶类之一。经过有关专家的考证，福鼎白茶具有独特的保健功效，特别在"三降三抗"（降血压、降血脂、降血糖，抗辐射、抗氧化、抗肿瘤）方面效果显著。茶界泰斗张天福老人曾经说过，白茶乃天地造化之风物，不失为茶界一珍。

福鼎的白茶贸易已有上百年的历史。以原始、自然著称的白茶甫出口至海外，便大获青睐，清朝民谚有云："嫁女不慕官宦家，只询牡丹与银针。"

史料记载，福鼎白琳是久负盛名的茶商聚集处。清康熙二十二年（1683年），福鼎沙埕港设贸易口岸，出口茶叶。清嘉庆初年，"白毫银针"被誉为世界名茶，是英国女王酷爱的珍品。1910年起"白毫银针"畅销欧美，1912年至1916年为全盛时期。当时白茶以稀为贵，欧美人士饮茶时也喜欢加入白毫银针以增添美感、提高档次。

清末民初，福鼎白茶已远销欧亚39个国家和地区。1935年，中国"茶圣"吴觉农倡导在福鼎白琳建立茶叶初制厂。1936年，又在福鼎沙埕设立茶叶检验办事处，专事茶叶的进出口商检业务。对于白茶在海外市场的受欢迎程度，民国时期卓剑舟所著《太姥山全志》曾作精辟记录："运售国外，价与金埒。"

时至现代，与畅销国内外的武夷岩茶、安溪铁观音等相比，同为福建名茶的福鼎白茶却显得落寞了许多。

进入21世纪以来，随着国际市场对白茶的日趋青睐，福鼎白茶的发展空间很大。如今，福鼎白茶作为复兴的茶类珍品，正以其独特而显著的保健功效被越来越多的有识之士所熟识和喜爱。

2010年上半年，受农业部的委托，由浙江大学CARD农业品牌研究中心和《中国茶叶》杂志社共同组成的"中国茶叶区域公用品牌价值课题组",在对全国113个茶叶区域品牌价值进行评估后,共发布了83个茶叶区域品牌的价值,其中"福鼎白茶"品牌评估价值为22.56亿元人民币,名列第六名。这是福鼎白茶在品牌创建上的价值体现。

福鼎市被命名为"中国白茶之乡"、"中国名茶之乡";福鼎白茶走进中国人民解放军三军仪仗队,成为三军仪仗队的特供用茶;福鼎白茶激情助威2008年北京奥运会,入选"奥运五环茶"、"申奥第一茶";福鼎白茶入选"世博十大名茶"、成为"上海世博会联合国馆专用茶",福鼎白茶被认定为"中国驰名商标"……接踵而来的响亮品牌在印证福鼎白茶的优良品质的同时,也树立并宣扬着福鼎白茶的名家风范,见证了福鼎市委市政府近几年来致力打造福鼎白茶公共品牌、发展壮大白茶产业、致富广大农民的进程。

那么,曾经一度沉寂的"中国白茶之乡",今天为何能够重现生机?福鼎的茶产业是如何走上复兴之路的?

抖落历史的烟尘,携带着千年茶都的余香,我们开始追寻"中国白茶之乡"的悠久历史,探秘福鼎茶产业的复兴之谜,而热情好客的福鼎人则为我们打开了一幅"中国白茶之乡"的产业复兴路线图……

识图——太姥山飞出的金凤凰

福鼎位于东海之滨、闽浙交界,境内有世界地质公园、国家4A级风景名胜区太姥山和"中国最美十大海岛"之一的嵛山岛,全市森林覆盖率达65%,空气质量长期居福建省前列。特殊的地理气候条件和优越的自然生态环境十分适宜茶叶的生产种植,在这方水土孕育繁衍的福鼎大白茶、福鼎大毫茶是国优茶树良种,编号分别为华茶1号、华茶2号。其中福鼎大白茶是国家茶树良种的对照种。

唐代陆羽《茶经》据"神农尝百草,日遇七十二毒,得茶而解"得出"茶之为饮,发乎神农氏"的结论,告诉我们茶起源于远古。无独有偶,福建太姥山地区也流传一个相类似的神话传说:尧时有一老母,居才山

（太姥山）种蓝，见山下麻疹流行，便教乡民用茶治病救人，由此感动上苍，羽化成仙，后人尊其为"太姥娘娘"，并向她学习种茶。剥去此传说的神话外壳，结合现实中的证据，我们不难发现，该传说其实承载着太姥山先民远古时代就识茶用茶的信息。

《茶经》记载："永嘉县东三百里有白茶山。"据著名的茶叶专家陈橼教授《茶业通史》考证："永嘉县东三百里的白茶山就是福鼎境内的太姥山。"明末清初福建著名文人周亮工在《闽小记》中明载："太姥山有绿雪芽茶。"民国之初卓剑舟《太姥山全志》称"绿雪芽，今呼白毫，色香俱绝，而尤以鸿雪洞产者为最"。《福建地方志》和茶界泰斗张天福教授《福建白茶的调查》等文献对福鼎白茶所作的研究和著述也认定，白茶始创于福鼎。1957年福建茶树良种普查时，发现太姥山区有野生古茶树群落的存在，而且"绿雪芽"野生古茶树恰恰生长在传说中太姥娘娘修炼的道场鸿雪洞附近，福鼎白茶的原料"福鼎大白"、"福鼎大毫"就是从太姥山中移植出去的。被福建省绿化委列入"古树名木"保护目录的绿雪芽古茶树是真正意义上的白茶生产历史见证的"活化石"。太姥山区民众自古就有将"茶叶"晒干收藏，用于治疗麻疹、发烧、水土不服等疾病的习惯，这种保存茶叶方式，明朝的田艺蘅《煮泉小品》赞道："芽茶以火作者为次，生晒者为上，亦更近自然，且断烟火气耳。生晒茶沦之瓯中，则旗枪舒畅，青翠鲜明，尤为可爱。"茶学一代宗师陈橼教授认为："如现时制白茶，

太姥山上的大白茶始祖——绿雪芽古茶树

可以说是制茶起源时期。"湖南农业大学杨文辉教授也认为："与现今的白茶制法没有实质性的区别，属于白茶制法的范畴。"并推断出"中国茶叶生产史上的最早发明是白茶"的结论。

这些历史论述真实地记录了1200多年前最为辉煌的一段茶文化史，并以不容置疑的证据确立了福鼎这块土地在中国茶文化发祥史上的重要地位。

构图——白茶复兴决策的诞生

历经千年，如今福鼎白茶产制颇具规模，不仅在港澳地区畅销不衰，还以迅猛之势占领日本及欧美市场，尤其是1998年以来，涉茶产业已成为当地农村支柱产业之一，也是农民增收的主要来源。随着市场不断拓展，福鼎白茶产业在发展壮大过程中显露出的一系列问题引起人们的关注，让人感到焦虑：规模企业偏少，实现茶业产业化和规模化仍需付出极大努力；行业管理机制有待于进一步健全，清洁化、标准化生产和质量安全意识还需继续加强和提高；茶产业科技水平偏低、茶叶专业人才紧缺、从业人员素质不高等制约因素难以在短时间内得到根本解决；白茶内销市场还需进一步开拓；白茶公共品牌没有统一形成与规范……

2007年4月16日，福鼎市委常委会扩大会议研究决定成立福鼎市茶业发展领导小组，组成人员名单包括市委副书记、人大常委会副主任、副市长、政协副主席以及涉茶相关单位行政一把手。

这不是一个临时协调机构，从成立那天起，领导小组成员北上京城，南下广州，不断地进行调研与考察，提出了打造"福鼎白茶"特色公共品牌的思路，后来被称为"白茶复兴20条"的《关于进一步推动茶产业发展的若干意见》就是出自这个领导小组的集体智慧。

2008年1月5日，福鼎市委、市政府出台了《关于进一步推动茶产业发展的若干意见》的纲领性文件，提出20条"复兴白茶"意见。这些意见包含大力实施科技兴茶工程，实现茶产业可持续发展；强化政府服务，规范行业自律，促进茶产业升级；优化结构，创建品牌，推动茶产业标准化发展；加强领导，落实扶持政策，为加快茶产业发展提供保障等方面。

随着20条"复兴白茶"政策的出台，福鼎各乡镇（街道）随即根据全市茶产业发展规划，建立了乡、村茶业发展工作责任制，把茶业工作列入重要议事日程，切实把茶业的生产、产品质量安全列入乡、村干部年终考评的重要内容之一。茶企业和茶农也迅速行动起来，积极配合政府全力推进茶业经济的发展。

绘图——扶强龙头，增强辐射功能

市场经济的步伐在悄然之间快得超过我们的想象。福鼎白茶市场的繁荣和成功已经不再依赖于数家企业的奋斗与努力，更多地表现为大联盟之下的成功。所谓的大联盟是指企业与它的供应商，乃至是从前似乎没有任何关系的某些组织，形成一种新的紧密合作关系。在很多其他行业里，因竞争不断加剧、利润持续走低的情况下，为保障行业利润，产业链上的各企业都在不断向上游或下游进行延伸，或以联盟的形式结成新的商业伙伴。只有如此才能在新一轮的商海搏击中立于不败之地。

"唯有先磨砺自身，才能吸引投资。引导扶持福鼎白茶龙头企业发展壮大已经成为政府部门目前的主要任务。"为此，福鼎市委、政府树立"扶持龙头企业就是扶持农民增收"的理念，优化环境，大力招商，推行"公司＋基地＋农户"模式，全市建立了20万亩无公害茶园基地，同时建立10个有机茶和绿色食品基地，面积3.8万亩，并带动周边茶农，使福建品品香茶业有限公司、福建天湖茶业有限公司、福鼎市银龙茶叶公司等18家龙头企业焕发出活力，实现茶产业产销两旺、茶叶持续增产、茶农增收、茶企增效的目标。2009年茶青价格比2006年提高10%-15%，茶叶销售价格比2006年提高20%-30%。

集中连片，基地规模发展遵循"统一规划、合理布局、连片建设、规范实施"的原则，坚持走龙头企业带动基地规模化发展之路，使全市茶叶基地向规模化发展。目前，全市建成20万亩优质茶叶基地，基本形成山下建加工点、山上建基地的经营模式。同时，福鼎市十分注重良种茶叶苗圃建设，依托中国国际茶文化研究会福鼎白茶研究中心、福建农林大学的技术力量，建立以"福鼎大白茶、福鼎大毫茶"国优茶树良种繁育基地，做到集约化育苗、商品化供苗，满足全市和周边地区白茶用苗需求。

在龙头企业的辐射带动下，每个龙头企业都建有自己的茶叶生产基地，通过基地带动周边农户发展无公害茶叶生产，覆盖全市17个乡镇和带动周边邻市乡镇茶叶发展，被农业部评为"全国无公害茶叶优秀基地"，有机茶基地建设继续保持全省领先地位。

画图——打造品牌，市场赢得份额

为鼓励全社会力量都来关心、发展和做大茶叶产业，福鼎市每年从市财政划拨100万元以上设立茶叶发展基金，竭力打造以"福鼎白茶"为"拳头"的公共品牌，制定"福鼎白茶"国家标准，支持茶协会为品牌注册商标，鼓励企业争创"福鼎白茶"系列品牌，涌现出"品品香"、"绿雪芽"、"誉达"等福建省著名商标和省名牌农产品。尤其是2009年，福鼎白茶相继获得"中国驰名商标"、福鼎白茶（太姥银针）入选"世博十大名茶"之后，又在具有千年历史的西安古墓中发现"白毫银针"，这不仅充分体现了福鼎白茶的古老历史，更是一次打响福鼎白茶品牌的难得机遇。

茶叶品牌打响后，福鼎市委、市政府鼓励和支持企业、经营大户、农民经纪人、中介组织到大中城市去开品牌专卖店和开辟国际市场，积极参与举办中国白茶文化节，组团参加北京马连道国际茶文化节、海峡两岸茶博会等茶事活动，以名特优茶展销展示、品茗、茶艺表演、茶歌茶舞表演、"福鼎白茶"推介会等系列活动宣传福鼎白茶品牌，提高了福鼎白茶品牌声誉。与此同时，福鼎市积极组织茶叶企业参与国内外名优茶评比活动，依托高水平、权威性的茶叶评比活动，宣传展示福鼎茶叶。

展图——搞好服务，培育茶农队伍

茶叶产业逐步壮大起来，拿什么确保质量，特别是原材料质量呢？原材料的质量来源于茶园的管理，而茶园管理的决定因素是服务体系和茶农。

针对欧美对于茶叶进口实施更加严格的农残控制，提出新的茶叶农残标准。福鼎市通过开辟茶叶有机生产示范基地，以点带面，全面推广无公害茶园建设，全面铺开控制、降解农残工作，从源头上把好茶叶质量关。截至目前，全市共推广无公害茶园20万亩，建立了面积达到3.8万亩的有机茶基地和绿色食品基地，是福建省最早实施、推广有机茶园、绿色食品基地建设的（县）市，也是全省推广面积最大的县（市）。

与此同时，福鼎市在市、乡（镇）、村三级设立茶叶发展技术服务所、站、组，聘请省、市茶叶专家作为福鼎市茶叶发展的常年顾问，发挥茶业协会组织作用，制定茶叶质量标准，积极争创茶叶品牌；利用扶贫培训资金，采取多种形式，对茶农进行茶叶种植、加工、管理、市场营销等方面的培训，培育出一支有文化、懂管理、会经营、守诚信的新型茶农队伍。早在20世纪90年代，福鼎市即在重点茶叶产区点头镇办起了闽浙边界茶叶交易市场，这个市场是福鼎和闽东乃至毗邻的浙南地区重要的茶叶产品集散地，同时也是福鼎茶叶走出市境的一扇大门。随着产业的发展，该市在国内各大城市创办的茶叶经销网点已经达到1000多个，一万多人的营销大军在全国各地推销、宣传福鼎茶叶。

与此同时，福鼎市通过挖掘茶文化内涵，打造茶产业品牌，弘扬茶文化精神，进一步扩大福鼎在国内外的知名度和美誉度，推动福鼎经济和社会各项事业又好又快发展。

多年来，经过福鼎历届党委政府的不懈努力，通过识图——构图——绘图——画图——展图几个阶段，该市的茶产业又焕发出勃勃生机，重展"中国白茶之乡"的雄风！福鼎市发展茶产业的"五步走"，每一步跨越，都凝聚着福鼎人的智慧和心血；每一步跨越，都诠释着凝心聚力、团结协作的力量！

福鼎人在前进的道路上留下的串串足迹，还有他们为实现梦想所走过的心路历程，不正是福鼎人为我们描绘的一幅"中国白茶之乡"的产业复兴路线图吗？

（雷顺号）

福鼎白茶的嬗变之路

奇山秀水和滨海岛屿构成了福鼎独具特色的自然旅游资源。福鼎盛产茶，陆羽《茶经》中说"永嘉县东三百里有白茶山"，这里说的白茶山，就是福鼎的太姥山。自古名山出名茶，有这样的好山好水，就能出福鼎白茶这样的好茶。

山田间的福鼎茶人或许没有意识到，2008年秋，那一场源自美国华尔街的金融风暴会离自己如此之近。

2008年，福鼎栽培白茶的茶山依旧风调雨顺。当年福鼎全境共计出产4000吨白茶，走出国门的达到3600吨。

旺盛的出口让福鼎茶人依旧可以高枕无忧，但危机已然逼近。

2008年，部分受金融危机波及严重的地区纷纷取消订单，让不少茶商措手不及！并且，随着金融风暴波谲云诡的演变，或许境外白茶的需求量

陆羽《茶经》："永嘉县东三百里有白茶山。"

还将在下一年度中继续下滑。

似乎也正是从那一年开始，福鼎白茶开始走上嬗变之路，各方面力量围绕实现茶业增效、茶农增收这条主线，树立以市场为导向、质量为重点、科技为动力、效益为中心，大力实施"福鼎白茶"品牌战略，努力做大、做强、做优茶产业的发展思路，坚持不懈的努力使得福鼎茶产业接二连三收获喜报，先后获得"中国白茶之乡"、"中国名茶之乡"、"中华茶文化之乡"、"中国驰名商标"等十几项国家级荣誉。

着力无公害茶叶基地化建设

为了巩固全国无公害茶叶生产示范县（市）和全国三绿工程茶叶示范县（市）的成果，福鼎市有关部门树立"抓茶叶农残抑控工作是茶叶工作的永恒主题"的思想，坚持不懈地抓好无公害茶叶生产基地建设。

在茶叶生产期间，福鼎市茶业管理局联合市农办、农业执法大队、质检、工商、供销等相关部门，深入乡镇基层，开展茶园禁用农药执法检查工作，印发张贴茶园科学用药的通告，发放茶园病虫害无公害防治技术挂图。加强技术培训，开展科技下乡培训工作，仅2009年，就举办培训班20期次，受训人数2500多人次，发放资料3万余份，

福鼎白茶生态茶图

深受群众欢迎。

针对欧美对于茶叶进口实施更加严格的农残控制，提出新的茶叶农残标准，福鼎市通过开辟茶叶生产示范基地，以点带面，全面推广无公害茶园建设，全面铺开控制、降解农残工作，从源头上把好茶叶质量关。截至目前，全市共推广无公害茶园20万亩、建立了面积达3.8万亩的有机茶基地和绿色食品基地，通过"企业＋基地＋农户"模式建立生产基地7万亩，组建了11个茶叶专业合作社。2009年在全市范围内开展不定期的茶叶抽查抽检工作，共抽检300多批次毛茶，合格率达100%。

如今，福鼎市无公害生态茶园、有机茶基地建设走在全省前列，被农业部评为"无公害建设优秀基地县市"。

🫖 着力名优茶品牌建设与开发

加强对茶叶企业的技术指导和技术服务，鼓励茶叶企业开展创品牌和名优茶开发生产活动。在品牌建设上，按照福鼎市大力实施"优质、精品、名牌"战略的要求，全力打造与推广"福鼎白茶"这块金灿灿的"中国驰名商标"和"上海世博十大名茶"。与此同时，积极组织茶叶企业送样参加国内外茶叶质量鉴评评比活动，并频频获奖。在2009年上海豫园国际茶文化节上，福鼎市品品香、天湖、誉达三家茶业企业生产的福鼎白茶荣获"中国顶尖名茶"称号，在2009年第八届"中茶杯"名优茶第一阶段评比中，福鼎市选送的茶样共获得21个奖项，白茶、红茶、绿茶三大茶类都有获奖，其中白茶获特等奖3个。

为提高福鼎白茶的知名度，提升"中国白茶之乡"、"中国名茶之乡"的地位，拓展白茶国内外营销市场，该市加大宣传力度，通过电视、报刊、广告等多渠道、多层次、全方位地推介福鼎白茶。2009年成功承办中国茶叶学会团体会员年会和第三届海峡两岸茶博会福鼎分会场活动，充分利用年会和海西茶博会宣传、展示福鼎白茶。在年会和海西茶博会的展馆周边设立大型橱窗、罗马旗、条幅、空飘等宣传广告，有效地宣传福鼎白茶。同时组团参与北京、上海、大连、浙江、香港等地国际茶博会等重大茶事活动，宣传推介福鼎白茶。

着力新农村建设促进茶农增收

早在20世纪90年代，福鼎市即在重点茶叶产区点头镇办起了闽浙边界茶叶交易市场，这个市场是福鼎和毗邻的浙南地区重要的茶叶产品集散地，同时也是福鼎茶叶走出市境的一扇大门。随着产业的发展，该市在国内各大城市创办的经营网点已达1000多个，一万多名营销大军在全国各地推销、宣传福鼎茶叶。

该市积极推进村级茶叶合作社试点工作，并与新农村建设有机结合起来，目前已组建茶叶产业合作社11家，把农户分散经营茶园，通过合作社形式集中起来形成规模，提高茶农集约化生产程度，降低农残，提高品质，提高效益，为生产优质茶叶奠定基础。此外，大力鼓励广大茶农、茶商、茶叶企业到全国各地开设茶庄、茶馆，建立销售网点，形成完整的茶叶销售网络，抢占市场。

目前，福鼎市正利用"上海世博十大名茶"的推广机会，把福鼎白茶全面推向上海等市场，并以此为突破口，使白茶成为长三角地区乃至全国各城市广受青睐的"名茶"。

（雷　歌）

"福鼎白茶"的背后推力

当福鼎茶人回眸身后的国内茶市，滋味却如同一杯沏得太苦涩的浓茶。

一方青竹茶盘已经推杯换盏过包括普洱茶、岩茶、红茶、乌龙茶等中国各地名茶。唯独，这方舞台上缺失了中国六大茶类中的白茶。

2004年，国内市场所消费的白茶竟不足千吨！而在国内茶市百余万吨的年总消费量面前，仅有数百吨内销的白茶很容易被湮没在一片汪洋之中。

白茶国内舞台的缺失，急的是福鼎40万涉茶人口、380家茶企，还有该市茶业领导小组组长陈兴华。无疑，行政的指引，在福鼎白茶的一湖春水中激荡起了壮观的波澜。

福建品品香茶业有限公司就是其中的典型受益企业。该公司已在黑龙江、四川、上海、广东等地建立了销售网点和加盟店，白茶等系列产品还外销日本、韩国、美国、欧盟等多个国家和地区。

福鼎市召开加快发展茶产业座谈会

福鼎白茶缘何能赢得越来越多的客户？"这离不开党委政府的重视支持，也离不开政协委员的建言献策。"品品香总经理林健指出了福鼎白茶产业背后的两股推力。

一次调研催生一条"特产街"

"世界白茶在中国，中国白茶在福鼎。"福鼎是全国十大产茶县（市）之一，是中国白茶的主产区和出口基地。1984年，福鼎大白茶、福鼎大毫茶被认定为国家茶树良种，其推广繁衍居中国茶种首位。

据福鼎市国土资源局遥控测量，福鼎种茶面积为26万亩。福鼎57万人口，涉茶群众达40万人，17个乡镇（街道）几乎每户人家都有茶园。"茶叶是农民的'钱袋子'，是关乎民生的主产业。"福鼎市政协副主席吴祖霖认为。

任桐城街道党工委书记时，吴祖霖就常与福鼎茶业局的朋友畅谈。从朋友那里，他认识到茶业对福鼎经济的重要性。2004年，吴祖霖调到政协工作，也正是那一年，福鼎政协开始了对茶产业的关注。

2004年3月，福鼎市政协经科委与市茶业局组建了一支8个人的调研组。调研历经半年，他们走遍了福鼎的种茶基地，掌握了福鼎茶叶的基本

福鼎市委、市政府在全市茶业工作会议上表彰一批优秀茶业企业

情况，并前往浙江、福建安溪等地考察，拜访当地茶商、茶农，学习他们的成功模式。

随后，福鼎政协作出调研报告，并与市委分管领导进行协商。福鼎政协提议，可以借鉴安溪的做法，以市场为依托发展茶产业，新建一个占地150亩的茶叶交易市场。

考虑到条件还不够成熟，福鼎市政府没有采纳政协的意见，但是，政协的调研报告还是提供了参考价值。2005年，福鼎新辟一条"太姥山海特产街"，其中80%以上的店铺专营茶叶。

一纸提案推出一个"大品牌"

2007年初，福鼎市政协常委、银龙茶叶有限公司总经理方守龙提交了一份提案——《抓住机遇，继续推进福鼎白茶品牌建设》。他认为，饮用白茶已是当前健康消费的一大趋势，而福鼎具有建立中国白茶批发市场的区位和资源优势。

为此，他提出整合福鼎白茶优势的五点建议：整合茶叶加工企业，筹建"福鼎白茶"集团公司，以"福鼎白茶"为企业公共大品牌；加大宣传力度；制定福鼎白茶省级地方标准，继而升格为国家标准；增加科研投入；规范行业秩序。

"整合企业力量，打造福鼎白茶统一的'大品牌'，是必然出路。一个'大品牌'的树立、推介、成功需要时间，我们应在前人奠定的基础上，把福鼎白茶品牌做大做强。"方守龙告诉记者。

该提案被列为福鼎市政协十一届一次会议第1号提案、主席督办重点提案。福鼎市政府对方守龙的提案作出肯定的答复，福鼎市委常委扩大会议决定由市委副书记牵头，组成工作小组，对茶叶产业化工作予以落实。

2007年4—5月，福鼎市政协组织部分委员及相关部门负责人，赴点头、白琳、磻溪等茶叶主产区和城区茶叶批发市场，对福鼎白茶展开专项调研。

委员们发现，由于各种原因，虽然福鼎白茶在国际市场拥有很高的声誉，但国内许多消费者对白茶的认识仍十分有限。他们向当地党委政府建

北京马连道"福鼎白茶"推介音乐会

言，应进一步加大宣传力度，极力创造白茶之乡的氛围，并扶持龙头企业，建立标准化生产基地。

政协的声音激活了政府的思路，福鼎市多次召开专题会议研究解决方案，在原有专项经费扶持的基础上，2007年财政再投入100万元支持茶产业开发，并数次组织队伍参加茶文化节（茶博会），以扩大福鼎白茶的知名度。

福鼎茶业发展领导小组还提出农技人员和茶技人员资源整合方案，并给予茶业大镇在技术人员上优先倾斜。此外，福鼎还积极推进生态茶园建设，严格控制农药残留，2009年抽检的252个茶叶样品农药残留量（国标）100%合格。

两股推力凝成一股合力，铸就了福鼎茶业2007年的新辉煌：茶农年直接收入4.5亿元，比原来的2.6亿元增加1.9亿元，茶产业年总产值12亿元，比原来的8亿元增加4亿元；"品品香"牌福鼎白茶喜获"中国名牌农产品"称号；品品香等3家企业入选中国茶业界年度"百强"……

（庄严 雷顺号）

政企联手的"共振效应"

福鼎是一座干净而安静的小城，虽然不大，却极适合居住。朋友带着我走过一条条街道，向我介绍这座小城的昨天和今天，谈到明天时，他说："你一定会明白为什么我去福州工作了几年最后又回到了这里。对于福鼎来说，一切才刚刚开始。"这让我想起福鼎的白茶，它的知名度虽然不及铁观音和大红袍，这几年才逐渐被人们认识，却以一年顶别人五年甚至十年的速度发展着。

福鼎的大街小巷茶楼很多，作为"中国白茶之乡"，人们在茶楼里常喝的自然也是白茶。朋友领着我走进一家他经常光顾的茶馆，老板听说我是专门来采访2009年第三届海峡两岸茶业博览会福鼎分会场筹备进展的，热情地向我推荐起白茶，如数家珍。

他们特别喜欢谈论白茶神奇的疗效，例子都是极生动的。白茶就是有这样一种魅力，喝过它的人就再也放不下它。老板开玩笑说："这白茶就好像福鼎的姑娘一样的。这杯茶是送给你喝的，下次再来就要收费咯。"

茶馆里的人渐渐多了，老板热情地对我说："你的运气不错，今天晚上正好有畲族茶艺表演，算是福鼎人民送给你的一个礼物啦。"在过去，福鼎白茶虽是"香飘万里"，但一直是"墙内开花墙外香"，国内知之人数甚少，市场份额自然上不去。如何走好白茶产业振兴之路，确立白茶应有的地位，数年来，福鼎政企之间联手展开了一轮又一轮的如潮攻势。

复兴白茶——会长心中的"七个第一"

即使当天是个休息日，福鼎市茶业协会会长林立慈仍无法停下手头的工作，他接过一份份由工作人员递来的名单，落实参会人员及食宿安排。

无疑，白茶的将来是这位65岁老人心中最大的期盼。在21世纪之前的从政期间，身为副市长的他，曾分管农业工作10余年。但是，福鼎茶叶始终没能迎来最佳的发展时机。

其实，即使是在2005年之前，在熟知这个行业的人们眼里，福鼎白茶始终处于"墙内开花墙外香"这样一种状态。因为，在很长的一段时间里，它主要出口欧美、日韩等发达国家和地区。虽说，白茶在海外有其一定的地位，但在国内却鲜为人知。

海外销量每年在200吨上下徘徊，而产品则以中低档的白茶和白茶片为主，并且主要通过中介组织出口，价格低，利润薄，无法有效带动茶农致富。

时机在一点点酝酿累积之中。随着国内人们生活水平的提高、消费能力的增强，从20世纪末期起，福鼎茶人开始敏锐地意识到，光靠外销不是长远之计，还应引导国人饮用白茶，充分挖掘国内市场，才能带动茶农致富。

振兴的鼓声终于在2006年的隆冬时节擂响。在林立慈的记忆中，福鼎市委、市政府接连出手的一套"组合拳"是如此密集。这一切就在短短三四个月时间内完成。

他默默记下了福鼎茶业史上的"七个第一"：市委中心组学习会请专家讲白茶；举办"首届中国白茶文化节"；市人大、市政协分别开展茶产业和福鼎白茶专项调研；市委常委扩大会议专题研究茶业工作；市委、市政府研究出台《关于进一步推动茶产业发展的若干意见》；创办《福鼎白茶》专刊；市委、市政府拨出100万元作为宣传推介福鼎白茶财政专项资金，并以10%的比例逐年增加。

林立慈认为，这个思路是完全正确的。在绿茶已经唱响天下的局面下，如果再打绿茶牌，福鼎茶叶不仅没有优势，而且还会走进死胡同。

至此，发展福鼎白茶产业被锁定为"民生工程"。

政府搭台——书记"登坛"讲白茶

谈起福鼎白茶的嬗变之路，时间虽然不长，但动人的故事却不少。在众多的故事里，尤以2007年5月，时任福鼎市委书记的唐颐做客福建电视台经济频道《财富论坛》栏目，与专家一起谈茶论道，畅谈白茶，至今为许多见证者津津乐道。就在那次节目中，福建农林大学、福建医科大学教授，就福鼎白茶的健康原理、科学饮用等方面进行了探讨。

这件事对于当时的许多福鼎人而言，是既新鲜又振奋人心的。市里一把手亲自上媒体为本地茶产业鼓呼，还是多年难得一见的。在事后看来，这个节目播出后取得了很大的反响，许多人开始知道了白茶。然而，与此相生的另一个事实是，当这档节目播出一个月后，在福鼎市举办的首届中国白茶文化节的万人品茗会上，很多福鼎本地人竟在感叹：真不知道还有白茶这么好的东西！

这个现实让在场的人心生凉意。几乎所有与茶结缘的人都知道，白茶一直以来都被认为是茶中的"名门望族"。它是我国六大茶类之一，是最古老、最自然、最健康的茶类。"世界白茶在中国，中国白茶在福鼎。"为了叫响白茶的声誉，之前的几年间，福鼎市上下通过努力，已经将白茶捧得很高，其光环也已经不少：2006年，福鼎被授予"中国白茶之乡"称号，同年5月，福鼎白茶被列入"奥运五环茶"，作为"五环茶旗"的底色，从此与奥运结缘。在国际国内的各种展会上，摘金夺银也不乏福鼎白茶的影子。

然而"师出名门"却无名分。冷静下来之后，思考如何加大宣传，让白茶深入人心，让"白茶之乡"之荣回归茶乡，从而提升福鼎白茶应有的地位、知名度成为政府与企业主所必须面对的问题。

政府开始带着企业四处奔走。茶文化节、研讨会、茶业博览会等各种国内重要茶事文化活动，福鼎市领导都亲自参与精心策划、精心组织、组团参与。林立慈会长说，企业推介"福鼎白茶"的热情高涨，就在香港首届茶博会上，福鼎茶企争先恐后要求前往参加，最终组成了一支50多人的代表团前往。

事实上，政府奋力给企业搭台，福鼎茶企纷纷亮嗓唱出了不少好戏。

2007年，福鼎茶业界捷报频传：在全世界、全国、全省名优茶评比中，或荣摘桂冠，或名列榜首；"品品香"牌福鼎白茶分别获得中国和福建省名牌农产品称号；由福鼎知名企业制作并献给奥运会的"奥运主题白茶砖"被列为2007年中国茶叶行业十大新闻之一，等等。

福鼎茶业开始唱出了春天的希望之歌。

别出心裁——海峡茶博会上的飞艇表演

在熟识福鼎茶业的人眼里，福鼎茶商的脑子灵、点子多，做起宣传上档次。

"做好白茶文化的传播工作，使更多的人能享受其独特清香和无限魅力，最后才能传遍全国，走向世界。"这是分管茶业的福鼎市委副书记陈兴华的最真实心声。

为了叫响白茶品牌，福鼎市从政府官员到生产企业主，从民间机构到各级部门单位，每一个人都在想方设法来打扮这位"茶中仙子"。

谈起宣传白茶，有一件事被认为是福鼎茶人的"杰作"。2007年11月17日，首届海峡两岸茶博会在泉州市举办。为了能让白茶露脸，吸引眼球，福鼎几个茶叶生产商想出了一个绝招：在开幕式当天，他们制作了两个写着"福鼎白茶"的广告飞艇在广场上空盘旋。"福鼎白茶"飞艇表演，虽然后来因其他原因被撤下来，直到今天大家谈起这个创意，还是会会心一笑。

新招频出，招招抢眼。让所有见过福鼎茶商的人，都不能忘记其别出心裁。也正因为此，福鼎白茶在短短几年时间内，声名鹊起，影响渐广。

不过，这一切都是需要真金白银来实现的。自从福鼎市暗下决心发展白茶那一刻起，当地政府就对品牌宣传打造做到了丝毫不打折。其实，政府基金只成立一年工夫，福鼎市就将这一项资金投入增加到近400万元。

陈兴华将这项工作归结为多渠道、多层次、全方位地推介。通过充分利用各类茶事活动推介、举办专项活动，全方位展示、推介创新形式，拓展与外界交流，宣扬福鼎白茶。

事实上，近年来在各种展销展示会上，白茶的身影都极为活跃。不管是北方的"北京马连道国际茶文化节"，还是南方的"中国海峡两岸茶业博览会"，不管是"上海国际茶文化节"，还是香港茶博会，你都能看到政府在前探路，企业从后跟进，大力推介福鼎白茶的情景。林立慈说，每年福鼎参加的各种大型茶叶展会都达八九次。

与此同时，福鼎积极鼓励茶叶生产经营企业参加各级各类评比活动，全市共有100多个茶叶产品在国内外质量评比中获奖。

全民谈茶——"共振效应"盼腾飞

2009年11月初，距茶博会福鼎分会场活动开幕只有几天时间。福建品品香茶业有限公司总部大楼，由副总经理邵克平坐镇，总经理林健则已经连续数日在外运筹。这个素以脑子灵活著称的茶界老总，不会放过任何可以宣扬自己品牌的机会，更不用说这个千载难逢的茶博会。

林立慈说，机会终于来了，茶博会就在家门口举办，千载难逢的机会。

这样的机会对于福鼎来说，已经成了一次施展自己才华最好的舞台。

福鼎市具备这样的基础。据统计，福鼎目前拥有20万亩的茶园，茶叶加工企业380多家，年茶叶总产量达1.66万吨，涉茶产业年产总产值在15亿元以上，其中白茶产量4500吨，产值达7.26亿元。

如今的茶产业的发展早已不是简单的茶叶生产，而是渗透到加工、包装、销售、机械制造、物流等各个领域。以"一叶"带动众业的"共振效应"正在生成。

更让人刮目相看的是，目前，福鼎市在全国创办了白茶销售网点1000多个，1万多名营销人员参与推销白茶。在北京马连道，福鼎茶商开设的100多个商铺里，高档白茶供不应求。

这么大一个"家产"，福鼎完全有底气吹响冲锋号角。

而如果说以上这些算是"骨架"的话，那么，福鼎市近些年赚下"强壮的经络"则是其实现从茶叶大市到强市转变的资本。

2004年，"福鼎大白茶"注册为原产地理标志;2005年，其证明商标通过注册;2007年12月，"福鼎白茶"荣获"中国名牌农产品"称号，为宁德首个国家级的名牌农产品;2009年2月，"福鼎白茶"获得国家地理标志证明商标;2010年，"福鼎白茶"荣膺"中国驰名商标"……

所有的人都看明白了，过去关注茶业的是种茶的茶农，谋发展的是政府，卖茶叶的是茶商，而如今，格局显然已变成全体民众。

（雨　田）

一大品牌打造的艰辛历程

　　随着社会进步，消费者主权革命已经进入了新的阶段——消费者从关注物质的充裕转到关心生活质量，从拥有物质数量转到现实生活品质。因此，让消费者对生活品质和健康安全更有信心，很大一种力量来自创造出能够让消费者在更大空间意义上的"信任"。所以，品牌塑造的真正价值就在于可以帮助消费者增强对产品及其生产者的信任度，把优质产品与生活质量、消费方式联系起来，使品牌产品具有了符号的特征、信任的形象，从而成为健康安全的代名词、流行消费文化的重要元素。

　　要加快品牌整合，加快发展，必须要有政策扶持。实行政策引导、资金扶持，要结合实际，形成激励机制。因此，"福鼎白茶"这个特色茶叶公共品牌整合，既是政府推动的结晶，也是市场运作的成果。如果没有政府推动，各个企业小品牌之间关系难以协调，也难以形成统一大品牌，但是没有企业的积极性，政府也推不动，所以"福鼎白茶"公共品牌今后更加需要把企业的积极性调动起来，把市场和企业两方面的积极性结合起来，加快推进茶叶品牌整合，发展壮大茶叶产业。

第二篇

规模、标准、品牌

"世界白茶在中国，中国白茶在福鼎。"这句话既道出了福鼎白茶的国际影响力，也体现了福鼎作为"中国白茶之乡"的特殊地位。福鼎白茶历史悠久，距今已有一千多年，兴于唐，盛于清。其具有地域唯一、工艺天然和功效独特等特性，是最原始、最自然、最健康的茶类珍品。

改革开放以来，福鼎市茶叶生产迅速发展，茶叶成为当地农民脱贫致富奔小康的重要产业。全市茶园面积20万亩，从业人员达到37万人。在"福鼎白茶"品牌的带动下，2007年，全市茶叶总产量达1.6万吨，实现毛茶产值4.6亿元；2008年，福鼎全市茶农实现增收1.3亿元，增幅达39.4%。福鼎白茶65%出口欧美、日韩等国家和地区，35%的白茶产品主销华北、华东和华南地区，年创税利1.39亿元，白茶已经成为福鼎的一大支柱产业。

热销海外 强势回归

福鼎白茶在相当长的时间内，主要出口欧美、日韩等发达国家和地区，并且一出国门就惊艳海外，获得了巨大的成功。由于销售市场主要集中在国外，在国外闻名遐迩的福鼎白茶，在国内却很少有人了解、认识，更谈不上消费了。主管茶产业的福鼎市委副书记陈兴华笑谈，虽然福鼎是全国十大产茶县(市)之一，也是中国白茶的原产地、主产区和出口基地，但就在几年前，甚至有许多福鼎人自己都不了解白茶。

福鼎是中国最大的白茶产区和出口基地，出口已有几百年的历史，当年，福鼎白茶95%供出口，深受欧美、东南亚等市场的欢迎。但在外红红火火的福鼎白茶，长期以来内销量一直在200吨上下徘徊，外销量也主要

骆少君　韩驰等
应邀做客福建电视台经济频道《财富论坛》，纵论福鼎白茶

以中低档的白茶和白茶片为主，并且主要通过中介组织出口，价格低，无法有效带动茶农致富。20世纪90年代，福鼎人意识到，光靠外销不行，要引导国人饮用白茶，充分挖掘国内市场，同时刺激高档白茶外销出口，双管齐下，才能带动茶农致富。为实现这一目标，从1997年开始，福鼎就把白茶列为全市茶类结构调整的重点，将全市20万亩茶园朝着绿色、无公害、有机的方向发展，从源头上保证茶叶质量。2003年，福鼎被农业部评定为"全国无公害茶叶生产示范县(市)"。为提高白茶加工工艺，形成合力，提高市场竞争力，福鼎300多家茶叶生产经营企业成立了茶叶协会，并制定了白茶行业标准。近年来，先后有100多件福鼎白茶产品在国内外茶叶品质大奖赛中获得金奖、银奖。

经过多番努力，虽然福鼎白茶的质量明显提高了，但是内销量却始终上不去。该如何高效拓展国内市场，让福鼎白茶真正做到强势回归？这个问题一直困扰着福鼎市政府以及茶业协会。直到2004年，国家启动海西战略，大力扶持海西经济，如一缕春风给发展中的福鼎白茶注入了活力。"海西就是最好的平台，海西让福鼎白茶备受国人关注。这对福鼎白茶拓展国内市场，可以说是天赐良机。"福鼎市委副书记陈兴华深有感触地说。经过在国内茶叶市场上的竞争激烈，福鼎市政府充分认识到，要打响品牌，光有优良的品质还不够，必须重视品牌宣传。随后，福鼎市投入巨资全力宣传福鼎白茶品牌，2007年，随着福鼎白茶在北京马连道国际茶文化节上大放异彩，宣告了福鼎白茶成功回归国内市场。

内外结合 打造品牌

究竟是什么使福鼎白茶能在短短几年内声名鹊起，成为知名品牌？陈兴华认为，福鼎白茶之所以能在短短几年间在竞争激烈的国内茶叶市场上脱颖而出，打响自己的品牌，离不开"内铸品质、外塑品牌"八字真言。在加快推进茶产业发展进程中，福鼎市始终将茶叶质量安全体系建设放在第一位，成立了市农产品安全质量检测中心，建立健全市、乡、村三级农残抑控网络，注重在种植、生产、加工、销售、质量等各个环节的建设和管理，着力打造"健康茶、放心茶"。

在注重茶业质量安全的同时，福鼎市对于福鼎白茶的品牌推广也不遗余力，充分利用各类茶事活动和新闻媒体推介福鼎白茶。先后组团参加了"2007北京马连道国际茶文化节"、连续两届"海峡两岸茶业博览会"以及"第十五届上海国际茶文化节暨首届上海国际茶业交易会"、"北京第五届中国国际茶业博览会"、"第九届广州国际茶文化博览会"等多场国内重要茶事文化活动。期间还举办了"福鼎白茶专场音乐会"、"福鼎白茶专题推介会"等一系列宣传推介活动，均取得巨大成功。特别是把握住了2008年北京奥运会这个千载难逢的机遇，将福鼎白茶与北京奥运会相关联，大大提升了福鼎白茶的知名度。继2006年成功入选"奥运五环茶"之后，2007年福鼎白茶再次被评选为"中国申奥第一茶"，入驻2008北京国际新闻中心，作为礼品赠送给体育健儿和国际友人。福鼎市还特意制作了世界最大的"奥运主题白茶砖"，作为特殊礼物献给2008年北京奥运会，以表达对北京奥运会的诚挚祝福，成为2007年度中国茶业界十大新闻之一。

近几年来，为了打造福鼎白茶品牌，福鼎市加大了对报纸、电视、广播以及网络媒体宣传的投入，创办《福鼎白茶》内刊，开通福鼎白茶网，与国家级、省级、宁德市级各媒体建立良好的合作关系，借助媒体的力量，扩大宣传覆盖面。如福建电视台经济频道制作的福鼎白茶访谈节目、中央电视台7套《每日农经》栏目组拍摄的福鼎白茶专题片、《海西茶话》杂志福鼎专辑等推出后，都起到了很好的宣传推介效果。

品牌效应 茶农增收

以前，人们说到福鼎，总会谈起太姥山，而现在除了太姥山，人们还会聊起福鼎白茶。每位来太姥山的游客，回去时，旅行箱里总是装着几袋福鼎白茶。而每位喝过福鼎白茶的茶客总会生出到太姥山一游的兴致。福鼎的两大名片就这样相辅相成，互相影响，形成了一个良性循环。

如今，在福鼎，无论是茶园的茶农、企业的员工、公司的老板还是政府机关的公务员，无不以喝白茶为荣、喝白茶为乐。随着白茶的保健药用功能得到越来越多权威机构和专家的认可，福鼎白茶已成为众人馈赠亲友、客商的首选，来福鼎考察访问或旅游度假的海内外客人都喜欢选择福鼎白茶作为纪念品，可以说，"福鼎白茶"已成为福鼎市一张金灿灿的城市名片。

福鼎白茶成功的品牌经营，也成了本土茶企业对外竞争的坚实后盾，在福鼎白茶未形成品牌前，福鼎的茶企业如同一盘散沙，没有自己的公共品牌，无法形成合力，单独依靠企业自身的品牌根本无法形成大的影响力。而在拥有了"福鼎白茶"这个公共品牌后，不仅企业的产品在知名度上得到了提高，而且在白茶价格上也节节攀升，获得了足够的利润。在公共品牌的带动下，茶叶加工企业的品牌意识、精品意识大大增加。截至目前，福鼎共拥有茶叶注册商标32个，知名商标6个，省级著名商标9个，省名牌产品6个，"品品香"牌福鼎白茶还被评为中国名牌农产品，先后有100多个茶叶产品在国内外质量评比中获得金、银、铜奖。

福鼎白茶的品牌效应更多的是体现在农民增收上。2007年，全市茶叶总产量达1.6万吨，实现毛茶产值4.6亿元；2008年，春茶从开采初期的35—50元/斤攀升到120—300元/斤，尤其是福鼎白茶茶青(针)突破150元/斤，创下福鼎春茶上市历史最高价，茶青价格比上年提高10%—15%，茶叶销售价格比上年上涨15%—20%，全市茶农实现增收1.3亿元，增幅达39.4%。2004年以前，福鼎能做白茶原料的茶青均价不足1元，而现在每斤能卖100多元，普通茶农单靠种茶就可收入过万元。

（王东东）

福鼎白茶品牌价值逾22亿

　　"2010中国茶叶区域公用品牌价值"评估结果于2010年6月上旬正式发布，"福鼎白茶"品牌评估价值为22.56亿元人民币，名列全国第六名，"福鼎白琳工夫"品牌评估价值1.8亿元。

　　这次"中国茶叶区域公用品牌价值"评估是受农业部的委托，由浙江大学CARD农业品牌研究中心和《中国茶叶》杂志共同组成的"中国茶叶区域公用品牌价值课题组"，在对全国113个茶叶区域品牌价值进行评估后，共发布了83个茶叶区域品牌的价值。获得"中国茶叶区域公用品牌价值"前十名的依次是：西湖龙井、安溪铁观音、信阳毛尖、普洱茶、洞庭碧螺春、福鼎白茶、大佛龙井、安吉白茶、武夷山大红袍、祁门红茶。位居第一的西湖龙井，其品牌价值为44.17亿元人民币。

　　这是我国第一次对茶叶区域品牌进行比较全面、集中的价值评估，课

福鼎白茶展馆

题组参考了大量国际上通用的品牌评估方法，充分考量茶叶品牌的行业特征与属性，最后形成了独具特色的评估系统。该系统由品牌带动力、资源力、经营力、传播力和发展力等要素构成。课题组采用品牌主体调查、市场调查、消费者调研、行业调查等方式，采集数据进行深入研究，评估面涵盖了绿茶、红茶、青茶、黑茶、黄茶、白茶六大茶类及花茶品类。

区域品牌是与企业品牌相对应的一种特殊品牌形态，由政府做后盾，产业协会出面运作，该区域从业人员共同使用。目前，在我国各项农产业区域品牌中，茶叶区域品牌建设最为成熟。据悉，浙江大学CARD农业品牌研究中心是国内高校首家农业品牌研究机构，此前已独立完成了"中国农产品区域公用品牌价值综合评估"。

（陈先剑）

"福鼎白茶"荣膺中国驰名商标

继成功入选"中国2010上海世博会十大名茶"后，福鼎白茶公共品牌建设又取得突破性进展。据国家工商总局公告，"福鼎白茶"地理标志证明商标被认定为中国驰名商标。

茶业是福鼎市传统优势产业，也是农村经济的重要支柱。全市现有茶园20万亩，是全国十大产茶县（市）和主要的白茶出口基地，对农民增收起到了较大推动作用。2004年，经国家质量监督检验检疫总局严格评审，"福鼎白茶"注册为原产地标记地理标志；2005年，正式向国家工商总局申请并成功注册"福鼎白茶"证明商标，作为福鼎白茶通用茶名；2005年3月，宁德市检验检疫局与福鼎市签订促进福鼎茶叶出口备忘录，冠有"福鼎白茶"品牌的系列产品，纷纷突破国外绿色壁垒，销往欧、美、日等国外市场。在政府的鼓励、引导、推动下，茶叶加工企业的品牌意识、精品意识大大增强，"福鼎白茶"成为福鼎现代农业的形象，为农业增效、农民增收、社会主义新农村建设作出了积极的贡献。

（雨　田）

"白茶国标"落户福鼎

2010年7月8日，全国茶叶标准化技术委员会白茶工作组在福鼎正式成立。国家标准化管理委员会农业食品标准部农业处处长徐长兴，全国茶叶标准化技术委员会副主任、中华全国供销合作总社杭州茶叶研究院院长张士康为全国茶叶标准化技术委员会白茶工作组授牌。

近年来，福鼎市委、市政府高度重视茶叶产业尤其是白茶产业的发展，把它作为农业支柱产业和民生重要工程，从领导上加强，从机制上保障，从政策上扶持，从投入上倾斜，从科技上创新，从质量上提升，从声誉上提高，不断推动和促进福鼎茶叶产业快速、健康、持续发展。福鼎茶产业尤其是白茶产业为农业增效、农民增收、社会主义新农村建设作出了重要的贡献。随着全国茶叶标准化技术委员会白茶工作组工作的深入开展，白茶产业标准化建设将跃上一个新的台阶，取得新的业绩，从而更加有力促进白茶产业质量水平的提高，推动行业健康和谐发展，带动地方经济繁荣，造福茶乡人民。

我国是茶叶生产和出口大国，茶叶标准化程度直接影响到茶叶出口。全国茶叶标准化技术委员会白茶工作组的成立将在我国白茶的特殊性质、功能的宣传和扩大白茶市场影响等方面起到积极促进作用，并将有力地推动我国白茶标准化工作，从而提升白茶质量，促进白茶外贸出口，服务白茶产区的经济发展。全国茶叶标准化技术委员会白茶工作组主要负责国家白茶标准项目的制修；白茶国内外标准的跟踪；白茶育种、栽培、加工、检测等新技术的研究与探讨；白茶标准的培训、咨询等方面工作。

（雷　林）

一份高雅礼品的真情奉献

　　谈起宣传白茶，最让福鼎茶人引以为荣的还是2008年他们将福鼎生产的白茶献给三军仪仗队的事。当年7月，时任福鼎市市长的倪政云，代表福鼎市政府亲手将来自"中国白茶之乡"福鼎的白茶献给三军仪仗队，并共同签订了《军地共建协议》，福鼎白茶成为三军仪仗队特供用茶。每每谈起此事，不管是政府工作人员还是茶商，都会喜形于色——这是档次，更是荣誉。

　　至今，福鼎市已开展两次"福鼎白茶"进京慰问中国人民解放军三军仪仗队活动、一次深入汕头"福鼎艇"慰问活动，极大地提高了福鼎白茶的知名度和美誉度。

第三篇

市长牵手三军仪仗队

2008年7月12日，时值"八一"建军节和北京奥运会将至，"中国白茶之乡"、"全国双拥模范城"——福建省福鼎市与英姿飒爽、威武雄壮的中国人民解放军三军仪仗队，在彩旗飘扬的三军仪仗队训练场上，共同签署了《军地共建协议》，举行了共建授牌仪式。活动中，福鼎茶企业组织的茶艺队为三军仪仗队官兵表演了福鼎白茶茶艺。

当年春节前夕，时任福鼎市市长的倪政云曾热情满怀地带领拥军慰问团进京把凝聚全市人民心意的福鼎白茶作为特殊礼物送给中国人民解放军三军仪仗队。

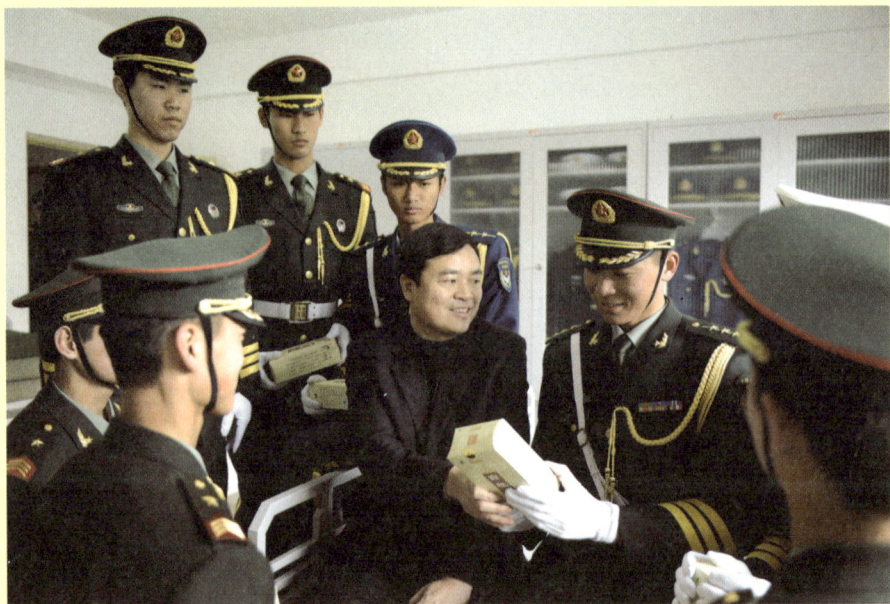

倪政云向三军仪仗队官兵介绍福鼎白茶

倪政云向三军仪仗队赠送奥运主题白茶砖

　　白茶在茶叶界被誉为"茶叶活化石"，有着独特、显著的增强免疫力、美容养颜、延年益寿等药用和保健功效。福鼎白茶更是白茶中的珍品，其产自于一年四季云雾氤氲、茶香缭绕的国家级风景名胜区、世界地质公园"海上仙都"太姥山。加工工艺自然，最大程度地保留了茶叶中的营养成分，属最原始、最自然、最健康的茶类饮品。曾凭借"中国白茶之王"的美誉入选"奥运五环茶"和"中国申奥第一茶"，与奥运结缘。

　　倪政云在致辞中指出，开展"军地共建"活动，是构建社会主义和谐社会的重要举措，也是促进社会主义物质文明和精神文明建设、密切军地军民关系的重要内容。中国人民解放军三军仪仗队是全军的精英，是党和国家领导人亲授的"军旅标兵"。福鼎市历来就有拥军优属、拥政爱民的光荣传统，境内驻有陆、海、空和武警等多支部队，长期以来，军地军民紧密团结，亲如一家，曾连续四次被授予"福建省双拥模范城"称号，连续两次被授予"全国双拥模范城"称号。倪政云认为，中国人民解放军三军仪仗队与福鼎市人民政府《军地共建协议》的签订，对于继承和发扬拥军优属、拥政爱民的优良传统，共同营造军民"同呼吸、共命运、心连心"的双拥工作良好环境，必将产生巨大的推动作用。

　　在《军地共建协议》签字仪式上，倪政云表示，在今后的工作中，福鼎市委、市政府要继续坚持以邓小平理论和"三个代表"重要思想为指导，紧紧围绕党的十七大提出的"积极开展军民共建，巩固军政军民团结"要求，全面贯彻落实科学发展观，积极探索双拥工作新思路，不断丰富军地共建新内容，通过与三军仪仗队开展卓有成效的军地共建活动，互帮互助，共学共建，进一步推动军地共同发展，促进双方各项文明建设全面进步。

（雷顺号　林斌）

白茶珍品奉献劳模代表

　　2006年4月29日上午，由北京市文联、北京市宣武区政府、中国茶叶流通协会主办，北京市大碗茶商贸公司、北京老舍茶馆承办的第三届"老舍茶馆"茶文化节暨"五环茶，迎奥运"活动在老舍茶馆举行。活动的特色主题是用中国六大茶类（绿茶、红茶、青茶、黑茶、黄茶、白茶）拼构出奥运五环旗图案。作为六大茶类之一的福鼎白茶，其珍品白毫银针被选用为奥运五环旗的底色。

　　当天下午和次日，由北京市宣武区政府、福建省福鼎市政府、中国茶叶流通协会联合主办，北京市宣武区商务局等承办的"迎'五一'，福鼎白茶进京献劳模"活动，分别在老舍茶馆和马连道京鼎隆茶城举行。带着健康的祝愿和节日的问候，一份份精美的礼品"福鼎白茶"送到在京的全国劳模和北京市劳模代表手中。活动期间，有关领导和专家对福鼎白茶进行了专场推介，福建省宁德市畲族歌舞团表演了传统的畲族茶艺。福鼎白茶系列产品得以全面展示，其滋味醇厚甘美、香气清爽纯正的品质，给首都人民留下了深刻的印象。

（雨　田）

一抹白茗香气的广为传播

　　走出去也好，请进来也罢，最终的目的是增强福鼎白茶产业的市场竞争力，强市富民。要实现这一目标，除了政府政策扶持外，福鼎茶企业必须自强不息，加大投入，注重科技，保证品质。

　　近年来，福鼎市紧紧抓住全国茶产业发展的新一轮机遇期，借助各种宣传推介平台，开展了多渠道、多层次、全方位的宣传推介活动，集中力量打造福鼎白茶特色品牌，福鼎白茶的知名度和美誉度不断提高。

　　国际国内白茶市场充满机遇和挑战。近年来，福鼎市采取多种形式鼓励白茶企业发展，如今，全市大小茶业加工企业381家，几乎每家企业都有涉及福鼎白茶的业务。然而，市场虽然在不断拓展，白茶价格年年上升，但与安溪铁观音等茶叶相比，市场认知度和销售价格的差距还是十分巨大。但我们坚信，通过一系列推广与传播，敢于突破、锐意创新的福鼎白茶企业将在国际化、产业化的路上阔步前进。

第四篇

首届福鼎开茶节开幕

2010年3月28日，由福建省扶贫开发协会、福鼎市人民政府主办的首届福鼎（点头）开茶节暨"强村富民话白茶"主题征文活动在中国白茶原产地点头镇大坪村隆重开幕。原省政协副主席、省扶贫开发协会会长陈增光宣布开幕并鸣锣启动。宁德市、福鼎市及有关部门负责人参加启动仪式。

在当日的启动活动中，福建省、宁德市、福鼎市各级领导还分别为中国世博茶寿星、世博白茶仙子、采茶能手颁奖，同时福鼎白茶股份有限公司、福建瑞达茶业有限公司、福鼎市云鼎茶业先后授牌挂牌、开业或奠基。

福鼎是茶叶生产大市，"中国白茶之乡"、"中国名茶之乡"，福鼎

陈增光宣布开幕并鸣锣启动"开茶节"

开幕式文艺表演

白茶以其独特的品质和特有的保健药用功效享誉海内外。近几年来，福鼎着力实施品牌兴茶战略，大力发展白茶产业，茶叶生产的产业化进程不断加快，茶叶生产的经济效益和社会效益显著提高，白茶产业业已成为农村脱贫致富和发展农业经济的主要支撑点。首届福鼎（点头）开茶节暨"强村富民话白茶"主题征文活动以白茶为媒，以强村富民为主题，以大力弘扬茶文化、发展茶产业为主线，坚持服务民生、打造品牌、做强产业、促农增收的要求，实现政府搭台、企业唱戏，提高福鼎白茶的知名度和竞争力，进一步激励更多力量参与，共同促进福鼎白茶产业又好又快发展。

（茶　歌）

首届中国白茶文化节在福鼎举行
全国百佳茶馆经理感受白茶魅力

　　2007年6月16—17日，由福建省农业厅、福建农林大学、中国茶叶学会、中国茶叶流通协会、中国国际茶文化研究会共同主办，福鼎市政府承办的首届中国白茶文化节在福鼎市隆重举办。文化节期间，举行了首届中国"太姥杯"白茶王大奖赛、中国白茶"自然·健康·和谐"高峰论坛、首届中国白茶文化节开幕式文艺演出、万人品茗茶艺表演、全国百佳茶馆走进福鼎等活动，来自中央、省、市的各级领导、茶界专家学者、企业家等共200余人出席了茶文化节。开幕式上，国家林业局授予福鼎市"中国白茶之乡"称号。

　　在首届中国"太姥杯"白茶王大奖赛中，福建天湖茶业有限公司生产的白毫银针、福建品品香茶业有限公司生产的白牡丹、福鼎市芳茗茶业有限公司生产的新工艺白茶均获得"白茶王"称号，市政府还向获得"白茶王"称号的企业每家奖励5000元。来自浙江大学的博士生导师杨贤强教授、福建农林大学茶学系主任孙威江教授、福建中医研究院陈玉春教授、福建省茶文化研究会杨江帆会长、海南大学徐国定教授在中国白茶"自然·健康·和谐"高峰论坛上对白茶的历史、现状和未来，白茶的保健功效，白茶文化与营销等诸多问题进行了深入的探讨，并提出了相关建议，对于今后白茶产业的发展将起到借鉴作用。时任宁德市委常委、福鼎市委书记的唐颐在茶文化节开幕式上致辞说，福鼎全市上下集中力量用3到5年的时间将白茶广为宣传，叫响"世界白茶在中国，中国白茶在福鼎"，做强做大福鼎白茶产业。

　　文化节期间，与会来宾参观了品品香茶叶有限公司的自动化清洁生产线和天湖茶业有限公司的有机茶生产基地，对福鼎的白茶生产大市地位予以充分肯定。尤其是中国茶叶流通协会组织的2003—2004年度、2005—2006年度全国百佳茶馆的经理们近百人来到这里，零距离感受白茶的魅力。大部分的茶馆经理以往对白茶并不了解，有的茶馆经理反映，他们的茶谱里只有五大类茶，缺少白茶类，这样会显得经营很外行，也容易导致消费者错误地认为中国茶叶分为五大类，是对中国茶文化宣传的误导。经过这次学习后，一定要在茶谱里补上白茶类。福鼎市政府也希望通过此次会议，让百佳茶馆的经理们能对白茶有一个全面而科学的认识。所以在有限的时间里，安排代表们尽量多地接触白茶，让代表们去看白茶树，去看白茶的加工过程，去品白茶的味道，去感觉白茶的文化底蕴，去听专家评说白茶的功效。

　　作为外销茶叶的福鼎白茶早在150年前就享誉海外，但国内知名度并不高。随着人们健康意识的提升，福鼎市委、市政府察觉到"福鼎白茶"这棵奇树将带来巨大的发展机遇，这是因为白茶是六大茶类中保健效果最好的一类茶。在东南亚国家，白茶出现在中药店里，在崇尚健康消费的欧美国家，白茶受到异常青睐。白茶加工工艺自然，最大程度地保留了茶叶中的营养成分。国内外专家研究表明，白茶与其他茶类相比，最大的特点是比其他茶类更能提高人体的免疫力，在杀菌和消除自由基方面作用最强。为了让国内消费者了解、认识白茶，近年来，福鼎市委、市政府借助各种宣传平台开展了多渠道、多层次、全方位的宣传推介活动。福鼎市委副书记陈兴华认为，茶馆是茶叶消费的最前沿阵地，也是宣传茶文化最重要的窗口，此次全国百佳茶馆走进中国白茶之乡——福鼎，就是要借助全国优秀茶馆这个平台，让消费者真正认识、了解、喝上中国白茶。

（顺　风）

第四届海峡两岸茶业博览会福鼎参展成果丰硕

缘聚武夷，茶和天下。2010年11月16日，为期3天的第四届海峡两岸茶业博览会在世界自然与文化遗产地——武夷山隆重开幕。福鼎市副市长陈辉率领福建品品香、天丰源、天毫等13家重点茶叶企业参加集茶业展览、商贸、文化、旅游活动为一体的系列活动。

据悉，从这一届开始，茶博会正式落户武夷山。本届茶博会突出质量安全，突出对台交流，突出市场交易，突出产业联动，共设置标准展位1055个，邀请参展企业近600家，其中台湾企业100多家，还有采购商1000

福鼎白茶展馆

多家参加，组织游客3万多人次进馆。期间，还推出九曲巡游、欢乐茶城、第四届武夷山国际禅茶文化节、重走晋商万里茶路、海峡两岸茶品牌国际化营销高峰论坛等10多场活动。

福鼎白茶人气旺

本届"茶博会"上，各地茶叶、茶具、茶食、茶歌、茶舞、茶艺竞相亮相，大放异彩，尤其是福鼎白茶受到业界、游客的一致追捧，使得"宁德馆福鼎白茶展区"成为最红火的展区之一。茶博会期间，刚刚从2010年世博会十大名茶活动载誉归来的福鼎白茶，可谓是双喜临门，福鼎白茶的知名度被推上历史新高。

"福鼎白茶展区"作为茶博会宁德馆的一个重要组成部分，总面积200多平方米，福建天丰源等8家茶企业联合参展，福建品品香、天湖、誉达还独立设置展馆，福鼎芳茗、天毫还入选"福建农村青年农民致富工程"展馆。

本届茶博会将"会"、"节"同办，即茶博会同期推出武夷山茶节，把举办武夷山茶节融入茶博会全过程，充分挖掘武夷山茶历史、茶文化，丰富茶博会活动内容，增长茶博会活动魅力。主要是通过开展茶节巡礼、欢乐茶城等活动，营造浓厚的节日喜庆氛围，增强"节"、"会"的娱乐性、参与性、互动性，实现以会带节、以节促会、节会一体，把茶博会办成一个集文化经贸交流、全社会共同参与的大型喜庆节会。同时，组织全国20多个茶叶主产区政府和6个主销区茶商代表开展质量安全联盟，启动中国茶产业"安全、质量、诚信"联盟宣言活动，福鼎市副市长陈辉代表福鼎市人民政府签订了政府间的市场质量监管合作协议《中国茶产业安全、质量、诚信联盟宣言》。

福鼎茶企最耀眼

在此间举行的第四届海峡两岸茶业博览会签约仪式上，凸显对台经贸合作和闽茶内销、外销成果的60个项目参加签约，投资总金额达30亿元人民币，展现了两岸茶产业合作的广阔前景。由100多个福鼎籍北京茶商组成的采购团成为媒体、生产商追捧的"明星"，尤其是福建品品香茶业有限公司与香港中华茶叶控股有限公司签订了《共同打造"品品香"牌白茶及茉莉花茶为中国茶叶第一品牌的战略合作协议》成为茶博会最耀眼的亮点。此外，福建天湖茶业有限公司与武夷山市明富岩茶厂签订了价值5000万元的采购协议。

根据《共同打造"品品香"牌白茶及茉莉花茶为中国茶叶第一品牌的战略合作协议》，未来3年内，香港中华茶叶控股有限公司将提供2亿元港币支持福建品品香茶业有限公司扩大生产能力，提升产品品质，加大品牌宣传力度，扩展经营渠道，力争2年内设立200家以上连锁店，做大做强"品品香"茶业。

福鼎获奖最多

在第四届海峡两岸茶业博览会期间，由海峡茶业交流协会与福建省农学会主办，《福建茶叶》、《茶缘》、《海峡茶道》、《中华合作时报·茶周刊》协办，《新合作》杂志社承办的"2010年度福建十大茶新闻"评选揭晓。福鼎市荣膺"福建省十大产茶大县"，海峡茶业交流协会会长张家坤为福鼎市授牌，福鼎市副市长陈辉接牌。此外，点头镇荣膺"福建十大产茶明星乡镇"，福建品品香茶业、誉达茶业、天毫茶业、绿叶股份茶业等4家福鼎茶叶企业荣膺"福建十大茶企业"，福建品品香茶业有限公司总经理林健当选"福建十大茶人物"。

据了解，此次评选共评出"产茶大县"、"产茶明星乡镇"、"茶城"、"茶企业"、"茶人物"、"茶名店"、"茶包装"、"茶名壶"等项。"福建十大茶新闻"评选历时一年，福建广大茶企、茶农、茶工、茶商、茶人及有关企事业、社会团体积极参与，起到了为福建茶产业发展成功经验做总结，为福建茶业经济的辉煌成就做宣传，为本届茶博会增彩的作用。

（雷顺号）

闽台联手打造世界白茶中心

2008年9月8日，参加完第十二届中国国际投资贸易洽谈会开幕式后，台商孙先生马不停蹄地来到福鼎，考察福鼎白茶，与台资企业蔡氏农业新技术开发有限公司洽谈合作开发白茶事宜。

位于福鼎市店下镇溪美村的蔡氏农业新技术开发有限公司由台湾的蔡先生夫妇兴办，已经在这里安家落户十几年了。蔡先生说，福鼎白茶品质很好，但要生产成为精品的高档茶，必须引进现代科学工艺。七年前，他从台湾引进一整套先进设备，辅以台湾新技术工艺，利用福鼎当地茶叶加工生产出"天毫"茶。该茶品气味特别芳香，茶水色泽清黄，爽口沁心，很快就畅销浙江、上海等地，为闽东茶叶闯出一条新路。

据了解，福鼎白茶因其独特的保健功效走俏欧美，引起台湾业内人士广泛关注，目前福鼎有关部门正在与台湾茶界人士洽谈各项合作事宜。在

"闽台人才两岸行"考察团考察福鼎茶产业

在第二届海峡两岸茶博会上福鼎白茶与台湾金门高粱酒互换礼品

此前5月份，福鼎市就与台湾茶艺协会签署了合作意向书，聘请了6位台湾茶叶专家担任福鼎市茶产业发展高级顾问，并成立海峡两岸白茶文化(福鼎)交流协会，共同打造世界白茶中心。同时还经过各方协调，成立了世界白茶文化交流中心和台湾白茶知友协会。

中国茶叶流通协会有关专家认为，福鼎是白茶的原产地，有"中国白茶之乡"之称。而台湾在茶叶生产制作技术、改良加工以及营销等方面有着许多先进经验，福鼎与台湾联手发展白茶产业，有助于福鼎打造白茶国际品牌形象，对福鼎打造世界白茶中心也有着直接的推动作用。

"福鼎应不断发展壮大白茶产业，开展特色经营，逐步发展成为世界白茶产销合作中心、白茶科技进步中心与白茶文化交流中心。"多名中国茶叶界专家在2008年6月举行的中国首届白茶文化节上表达了对福鼎白茶未来发展的美好期望。

目前，世界各地白茶茶商纷纷到福鼎考察，这里正逐步发展成为世界白茶产销合作中心。

（雨　田）

福鼎白茶扬名京城

——2007年北京马连道国际茶文化节侧记

金秋送爽，丹桂飘香，又是一个丰收的季节。9月27日到10月2日，2007年北京马连道国际茶文化节在宣武区马连道举行。"中国白茶之乡"福鼎市此次组织了大规模的政府与茶商联合代表团参加，强力开展福鼎白茶营销的宣传推介活动。

与前几届相比，"中国白茶之乡"福鼎此次组织大规模的展销团参加，把参与活动的主题确定为"福鼎白茶走向北京奥运2008"，内容不仅包含"福鼎白茶专场音乐会"、"福鼎白茶专题推介会"、"国际品茗会"、"茶产区名优特产品展示、展销"等，向国内外友人重点推介福鼎茶产业及白茶产销情况，白茶生产历史，独特的品种，独特的地理环境，独特的加工工艺，独特的保健功效，白茶的文化品位，白茶的自然、健康、和谐的文化内涵，还围绕福鼎白茶健康安全产销质量，签署了营销战略合作伙伴关系协议。

号称"京城茶叶第一街"的马连道是全国茶叶经贸集散地。在马连道茶叶一条街中，福鼎籍茶商开设了100个商铺，福鼎白茶、绿茶、花茶在北京市场占有一定分量。如今，国内外白茶销售势头很好，一批批国内外客商纷至沓来，或考察投资，或洽谈销售，福鼎茶市、茶厂内生意火爆，特别是随着马连道特色街上一批福鼎白茶专营店和专柜的出现，闻名遐迩的白茶全面走进京城百姓的生活。中国茶叶流通协会负责人称："随着健康意识的加强，福鼎白茶可望成为未来茶叶市场的主流产品。"

（雷顺号　林斌）

西岸东岸一水依　白茶白酒两相宜

西岸东岸一水依，白茶白酒两相宜。2008年11月16—18日，第二届海峡两岸茶业博览会在世界文化与自然遗产地、世界乌龙茶故乡——武夷山市举行，两岸茶人相聚一堂，共叙茶缘，联手推动海峡两岸及大陆各产茶区的茶业交流、贸易与合作。福鼎市组织了18家茶叶企业集中展示了福鼎白茶的特色与风采，获得众多客商与观众的赞誉。

出席本届博览会并参加福鼎白茶系列展示活动的福建省原省委常委、常务副省长张家坤指出，福鼎白茶无论是品质，还是文化内涵，都独步海内外，福鼎白茶完全可以做大做强，成为福建省最具特色的茶叶品牌。此次台

在第二届海峡两岸茶博会上，福鼎市政府与台湾金门酒业互换对联

商拍得的福鼎白茶茶砖将在台湾进行展示和推介，利用台湾在茶叶生产制作技术、改良加工以及营销等方面的许多先进经验，与福鼎联手发展白茶产业，助力福鼎打

在第二届海峡两岸茶博会上举办福鼎白茶最大茶砖拍卖活动

造白茶国际品牌形象，直接推动福鼎成为世界白茶中心。

在此次茶博会上，由上海大世界吉尼斯总部确认为中国最大茶砖的福鼎白茶茶砖进行公开拍卖，台湾金门酒业实业有限公司以56万元高价拍得。福鼎市政府向金门酒业代表叶先生赠送了两罐白毫银针，叶先生回赠了一瓶600毫升56度的金门高粱酒，福鼎市茶业协会还与金门酒业互换对联："西岸东岸一水依，白茶白酒两相宜。"拍卖活动之前，精彩的福鼎白茶茶艺表演和畲族歌舞团大约一小时的歌舞表演不仅渲染气氛、吸引观众，也成为本次茶博会最大的亮点。

据介绍，备受瞩目的白茶茶砖由福鼎市政府监制，共用了500公斤上等福鼎白茶制成，长200.8厘米，寓意北京奥运会2008年举行；宽112厘米，寓意现代奥林匹克运动会举办了112年；厚度为19.9厘米，也是中国传统中吉祥的数字；茶砖正面刻着"同一个世界，同一个梦想"的北京奥运会主题口号，表达了福鼎茶人对北京奥运会的美好祝愿；茶砖底部用一口铁鼎承托。

福鼎是全国唯一拥有"中国白茶之乡"、"中国名茶之乡"两个头衔的县市，茶文化历史悠久。近年来，该市遵循"自然·健康·和谐"的兴茶理念，按照"生态茶、健康茶、放心茶"的要求，抓好茶园基地建设和茶叶质量安全体系建设，推进茶叶的标准化、产业化、清洁化生产，外销、内销并举，全力打造福鼎白茶公共品牌，做足茶产业发展文章。

（雷　田）

福鼎白茶参加首届香港国际茶展

2009年首届香港国际茶展于8月13—15日在香港国际会议展览中心隆重举办，福鼎市瞄准香港这一国际窗口，组织10家骨干茶企业赴港参展，宣传、展示福鼎白茶的独特魅力，助推福鼎白茶走向海外市场。

据了解，首届香港国际茶展由香港贸易发展局与中国茶文化国际交流协会合办，是香港第一个专业性茶展，吸引了来自15个国家和地区的超过250家参展商，包括阿根廷、印度、印度尼西亚、日本等产茶大国。由品品香、天湖、誉达、银龙等10家茶企业组成的福鼎参展团，在精心设计的福鼎白茶展馆内，集中展示并推介以福鼎白茶、福鼎白琳工夫为主的茶产品，吸引大批港人、国际采购商和茶界专家的关注。展馆内嘉宾云集，场

福鼎白茶茶艺表演队在香港表演白茶茶艺

面空前火爆，这对于福鼎白茶在香港的首次亮相来说，无疑是最好的机会。

展会期间，全国政协常委、中国茶文化国际交流协会会长杨孙西；全国政协委员、中国茶文化国际交流协会副会长兼秘书长张国良；世界茶文化交流协会会长王曼源；全国人大代表、福建茶业代表团团长林强，副团长詹立锬等，先后到福鼎白茶展馆参观、品饮白茶。福鼎市委副书记陈兴华向各界嘉宾和客商介绍了福鼎白茶的独特加工工艺、品质和保健功效，以及福鼎白茶产业的发展状况，受到大家的高度评价。

13日上午，福鼎白茶茶艺表演队在香港国际会展中心为来宾表演"中华茗茶日——福鼎白茶茶艺之银装素裹"茶艺。表演以其清新淡雅的独特风格，引来众人关注，在节目的编排上，除了介绍福鼎白茶的特殊制作工艺和独特保健功效，还融入福鼎的太姥山旅游元素，表演共分为鸿雪探奇、白毫入宫、龙亭泄瀑、九鲤飞雪等10多道工序，把白毫银针白如云、洁如雪的特性表现得淋漓尽致，在宣传推介福鼎白茶的同时，也促进福鼎与各地茶文化的交流。

14日上午，中国茶文化国际交流协会会长杨孙西单独会见了福鼎市茶叶参展团成员，详细了解了福鼎白茶的生产制作、工艺流程等，对福鼎白茶的口味、品质、功效等赞赏有加。

据了解，早在20个世纪中期，福鼎白茶产品就在东南亚乃至欧洲等国家和地区享有一定的美誉，深受消费者的喜爱。首次在香港国际茶展集体亮相的福鼎白茶，引来大批国际客商的关注。短短三天的展览，各个企业带去的不少产品被抢购一空。据不完全统计，此次福鼎白茶组团参展，现场销售金额超20万元，参展茶企业与来自美国、英国、新西兰等10多个国家和地区的客商达成销售意向近百个，签约订单1000万元，意向合同4000万元。

香港是全亚洲最爱喝茶的城市之一，人均消费量位于世界城市居民茶叶消费量的前列，与世界主要产茶区地理环境十分接近；另外，香港是亚太地区重要转口港和金融中心，它拥有自由的经济体系、稳健的金融系统，以及自由流通的资金和市场资讯。这些优势都在推动香港逐步成为环球茶叶及茶制品的集散中心。

（夏林涛）

福鼎白茶香飘上海国际茶博会

　　2010年中国（上海）国际茶博会于5月21—24日在上海国际展览中心举办。此届茶博会展馆面积1.5万余平方米，共设700多个展位，是多年来上海及长三角地区规模最大、参展单位最多的一次中外茶业盛会。福鼎13家茶叶龙头企业组团"打包"参加了本届上海国际茶博会，向中外游客展示"中国世博十大名茶"之一——福鼎白茶。福鼎市白茶仙子茶艺队还现场表演了主题为"畲乡茶韵之白茶飘香"的茶艺秀，吸引了来自40多个国家的观众、采购商前来观看。

　　上海国际茶博会由中国茶叶流通协会、长三角茶业合作（上海）组织、上海市茶业行业协会共同主办。此展有别于其他展会的特色在于：不仅有简洁的国际惯例展位，更有一批飞檐斗拱、山林竹寮、彩梁漆柱的特色展位，凸显出中华地域风情。本届茶博会在上海世博会期间举办，不仅令众多参展商和观众能够在参与茶博会的同时，获得参观上海世博会的机会，而且茶商、茶企还有机会与喜欢中国茶的各国宾朋相聚，成为世博会中外贵宾、参观者在上海世博会期间的一个具有"展现千年茶文化独特风采，汇集百样茶品香艳世界"的特色游观新景。福鼎白茶、西湖龙井、祁门红茶等"中国世博十大名茶"以及进入2010年上海世博会礼品、特许经营商品的茶叶在展位及专厅展示。

　　上海国际茶博会，不仅体现了多彩的茶饮为中华民族带来美好生活的享受，也为世界人民提供了特别丰富的健康之饮。茶博会上为中外参观者提供观茶、习茶、品茶的服务项目，还专门组织了由中国茶界著名专家骆少君主讲的"茶与健康"专家报告会，帮人们掌握饮茶健康的道理。现场还设置专家咨询服务团，让参展商、观众与茶叶专家零距离接触，现场为

福鼎白茶仙子表演白茶茶艺

企业排忧解难，让茶博会真正成为服务企业的窗口和桥梁。骆少君在"茶与健康"专家报告会上指出，福鼎白茶是古老的茶叶珍品，其保健功效如同野生山参，长期饮用有利于健康。

本届茶博会上，福鼎13家茶业龙头企业开展多场营销推介和新产品发布会，让广大采购商、消费者了解到福鼎白茶的历史、特点、价值、现状和发展趋势以及企业全新的营销模式等，吸引了欧美、日本、韩国、俄罗斯、东南亚等国家和地区的客商2000余人前来洽谈交易事项，签订供货合同意向2000万元。

（雷顺号）

"白茶仙子"献艺两岸妇女交流活动

2010年6月18日，第八届中国海峡两岸项目成果交易会海峡两岸妇女交流活动暨妇女创业创新成果博览会在福建省海峡国际会展中心拉开帷幕。福鼎白茶仙子茶艺表演队受海峡两岸项目成果交易会组委会、福建省妇联特别邀请，为参加海峡两岸妇女交流活动的中外嘉宾和游客献上了一场技艺高超、品性高雅的茶道表演。全国妇联副主席、书记处书记孟晓驷等领导观看了"福鼎白茶茶艺"表演，并品尝了极品白茶。

据悉，全国妇联借助第八届中国海峡两岸项目成果交易会的平台，举办海峡两岸妇女交流活动暨妇女创业创新成果博览会，是进一步促进

"福鼎白茶茶艺"表演

祖国大陆和台、港、澳妇女共襄合作、共谋发展的一次重要活动，也是全国妇联贯彻落实国家海西经济发展战略、展示妇女创业创新成就的一项重要举措。海峡两岸妇女交流活动暨妇女创业创新成果博览会以"巾帼创新业、和谐促发展"为主题，融手工编织、科技创新和低碳生活于一体，集中展示了蕴涵新工艺、新创意、新材料、新生活的当代妇女创业创新项目成果，展示妇女手工编织精致秀美的创意文化，展示妇女传承非物质文化遗产的无穷魅力，彰显妇联组织配合政府在促进妇女创业就业中发挥的积极作用。"福鼎白茶茶艺"参与了妇女创业创新成果展示，来自全国妇联领导和财政部、科技部、人力资源和社会保障部等有关部门的负责同志以及来自台湾、香港、澳门的妇女代表，中国林科院、中国农科院的专家，各省区市妇联负责同志，女企业家以及各界妇女代表近千人先后观看了"福鼎白茶茶艺"表演。

记者在此次活动中看到，"福鼎白茶茶艺"表演队不负众望，以其精湛、娴熟的泡茶和行茶技艺，折服了现场上万观众，并赢得了来自美国与北京、香港、台湾等地茶道专家的好评。福建省妇联有关负责同志观看了表演后动情地说，"福鼎白茶茶艺"在对茶艺茶道精神的领会和技艺的表演上都达到了较高的水平，一招一式诠释出茶道内在的静美和谐、清香幽雅，既展示了茶艺，又表现了茶德，显示出具有悠久历史的中国茶文化得到了很好的继承和发展。福鼎市妇联有关负责人说，福鼎白茶的茶艺茶道如今得到了迅速的发展，为此妇联将主动融入市委、市政府打造"福鼎白茶"这个公共品牌大局中，以此次海峡两岸妇女交流活动表演为契机，通过更多茶艺茶道活动，来进一步推广和普及福鼎白茶文化，让更多的人加入到茶的那份沁人心脾的雅致中来，让茶文化"飞入寻常百姓家"。

在活动现场，参会的代表或游客争相细品福建品品香茶业有限公司等商家免费为他们提供的福鼎白茶，向现场的茶艺专家及工作人员询问诸如"喝白茶有什么用"等茶饮常识。中国茶叶流通协会茶道专业委员会主任张大为告诉记者，茶就是一剂最齐全、最完美的中药。古代神农时期，我们的祖先发现茶就是从发现其具有消炎、解毒的药效开始的。李时珍在《本草纲目》中有记载，"茶苦而寒，最能降火，火为百病，火降则上清矣——既有万毒，得茶而解之"。张大为指出，喝茶对维持人的神经、心脏和消化系统功能及养颜、抗衰老等大有裨益，如今我们开展的一些茶艺活动，除了能够继承传统，推动茶文化，促进茶产业经济发展外，更应该大力提倡茶保健，使饮茶大众化，从而推动整个民族身体素质的提高。

（顺　田）

唱响"闽茶中国行"上海站

　　桃红竹绿，古曲悠扬，一群白茶仙子飘然而至……2010年8月7日，大型福建茶文化茶产业推广活动"闽茶中国行"上海站——"感受白茶·共享健康"世博十大名茶之福鼎白茶香飘申江正式启动。

　　这是继2010年6月18日"闽茶中国行"大型茶文化茶产业推广活动首站台湾行完美落幕之后，主办方推出的又一场茶事盛会。活动的主办方把作为闽茶代表之一的福鼎白茶带到了上海，为这个繁华都市的炎炎夏日送去阵阵清爽。据悉，大型福建茶文化茶产业推广活动"闽茶中国行"上海站活动由中国国际茶文化研究会、福建日报报业集团、海峡茶业交流协会、福建省人民政府农村工作办公室、福建省农业厅、福建省文化厅、福建省供销合作联合社、上海世博十大名茶组委会、宁德市政府、上海豫

"闽茶中国行"上海站——"感受白茶·共享健康"互动式论坛活动

园旅游商城股份有限公司共同主办，由福鼎市市政府、《海峡茶道》杂志社、福建省农业产业化龙头企业协会、上海豫园文化传播有限公司承办。

大陆首发，福鼎白茶成闽茶"主角"

8月7日上午，来自全国各地的尊贵宾客汇聚豫园，共同领略福鼎白茶的独特魅力，一起见证"闽茶中国行"上海站的精彩揭幕。据主办方介绍，"闽茶中国行"是大型福建茶文化茶产业系列推广活动。这项活动拟用3年左右的时间，在全国一些重要省份的重点城市，每年根据推广地区的要求，策划组织2—3场大型推广交流活动，让闽茶在祖国各地展示风采，继而走向全球市场。本次活动亦是近年来福建茶业首次集体巡礼全国的产业推广活动，是福建茶业打响品牌之战的先锋之旅。上海站是继台湾站之后，作为"闽茶中国行"内地活动的首发，成为各界人士的关注焦点。

福建素有"茶树品种宝库"之称，是茶叶生产最适宜地区之一，因此闽茶品类丰富、品质优良。其中，福鼎白茶因其地域特殊、工艺天然和功效独特等特性被人们称作"茶叶的活化石"，成为闽茶的特色代表茶类之

"中国茶文化之乡"、"中华文化名茶"授牌仪式

一。此次在"闽茶中国行"上海站的活动中，福鼎白茶更是作为闽茶代表"挑大梁，担主角"。之所以选择福鼎白茶，主办方介绍说，福鼎白茶是赫赫有名的世博十大名茶，特别在世博园联合国馆中展出有些时日，对上海当地人及中外游客来说并不陌生。此外福鼎白茶口感清爽，适合作为夏季消暑茶饮，也更容易为广大的上海白领一族所接受和喜爱。

高端对话，讲述白茶精彩故事

下午2点左右，"闽茶中国行"上海站的重头戏——主题为"感受白茶·共享健康"的互动式论坛活动正式拉开帷幕。此次论坛邀请到行业内重量级的专家学者，采用活泼生动的互动形式，为来宾们讲述关于福鼎白茶的精彩故事。

中国国际茶文化研究会常务副会长徐鸿道，福建省委宣传部副部长、福建日报报业集团党组书记、社长蔡小伟，宁德市政协副主席王代忠，福鼎市市委副书记陈兴华先后做了精彩讲话，他们分别从不同角度介绍了福鼎白茶的历史背景、文化内涵和产业现状，增进现场来宾们对福鼎白茶的认识和了解。尤其是国家茶叶质检中心主任骆少君女士从福鼎白茶的悠久历史和生态保健方面谈了她的看法；陕西省考古研究院研究员张蕴女士则是针对不久前在西安"蓝田吕氏"古墓考古中发现的有针形茶残渣的所属茶类做出解疑，她从历史推理和物质成分鉴定，以及结合茶叶专家的推断，证实古墓中的茶渣是白茶茶叶残渣，极有可能是产自福鼎；中国世博十大名茶总策划、河北省茶文化学会副会长兼秘书长舒曼先生讲述了福鼎白茶入选世博十大名茶的深远意义，用世博营销撑起中国茶的宣传理念；现场播放中国预防医学科学院营养与食品卫生研究所研究员韩驰女士的演讲视频，她从医学角度具体而深入地讲解了福鼎白茶的临床营养与药理功效；福建著名茶学专家陈金水先生从茶树品种的特殊性方面为来宾们介绍福鼎白茶的制作与创新；福鼎白茶企业代表品品香茶业公司总经理林健先生畅谈其白茶营销之道，通过各种推广销售方式做大福鼎白茶品牌。

主持人与主讲嘉宾们一问一答的交流互动形式，让整个论坛过程显得生动有趣，台下的观众们也时时为他们的精彩讲演热情鼓掌。论坛最后，每位主讲嘉宾分别用一句话总结了各自论点，并对福鼎白茶今后的发展提出自己的建议。

强强联手，白茶推广中心落户上海

论坛结束，现场进行一系列的签约、授牌、颁奖仪式。福鼎市政府与上海豫园文化传播有限公司双方代表上台签署长期合作协议。这是福建产茶区政府和上海当地文化传媒公司的首次合作，上海豫园文化传播有限公司将会针对福鼎茶文化茶产业制订一系列包装推广计划。这一签约是强强联手的见证，共同推动福鼎茶文化茶产业在上海地区的传播和发展，同时促进闽茶文化更深更广地渗透融入上海的都市文明之中。中国国际茶文化研究会领导向福鼎市政府授牌，评选福鼎市为"中国茶文化之乡"、福鼎白茶为"中华文化名茶"。早在2006年福鼎市就被国家林业局命名为"中国白茶之乡"，这是国家级的权威认定。这些烫金名片都有力证明了福建福鼎是一个拥有优良的茶树品种、良好的生态环境、深厚的文化底蕴、悠久的产茶历史的好地方，好山好水孕育出独步天下的福鼎白茶，它更成为闽茶大家族中的佼佼者。福鼎市政府授权上海得和茶馆、友缘茶馆为白茶推广中心。对于这两家茶馆的选择，福鼎方面表示，首先它们在上海有名气、有影响力，其次也看中它们长期致力于茶文化的传播和推广，上海得和茶馆、友缘茶馆将会定期举办福鼎白茶品鉴会、新品推广活动等，上海茶客们也能在这两家茶馆里喝到正宗上品的福鼎白茶。

与此同时，活动主办方在现场对先前评选出的两名福鼎白茶"茶王"代表进行颁奖，并组建"闽茶中国行"专家顾问团，由福建日报报业集团等主办单位领导向顾问团成员颁发聘书。

（雷顺号　白荣敏）

百名记者福州三坊七巷话白茶

　　2010年9月16日下午，著名历史文化街区福州三坊七巷的一家茶馆内，由中国茶叶流通协会、海峡茶业交流协会、省扶贫开发协会（扶贫基金会）、省新闻工作者协会等5家单位主办的"百名记者话白茶·2010福鼎白茶中秋品茗会"举行，来自新华社、中国新闻社、《福建日报》和《香港文汇报》、《香港商报》等海内外百名记者在这里品白茶、话白茶。

　　茶界泰斗、百岁老人张天福，中国疾控中心食品营养研究所研究员韩弛，西安考古研究院研究员张蕴，福建农林大学茶学系主任、教授、博士生导师孙威江等著名学者、专家参加了品茗会，围绕福鼎白茶的历史、特

"百名记者话白茶"活动，专家、茶企与记者互动问答

性与健康功效等热点问题回答了记者的提问。

在品茗会上，福鼎市茶业发展领导小组与《海峡财讯》签订战略合作关系协议，并在福来茶馆设立福鼎白茶福州推广中心，加大福鼎白茶在福州的推广力度。据悉，这是福鼎白茶公共品牌推广活动的又一力作。今年以来，福鼎白茶公共品牌的市场推广可谓一波接一波：在入选成为"上海世博十大名茶"并入驻联合国馆后，于世博会举办期间，以平均每月两场活动的频率，在这个世界金融中心举办推介活动。与此同时，福鼎白茶还参与"闽茶中国行"宣传推广等系列活动，进一步扩大白茶在国内的影响力。目前在北京、上海等大城市开始被消费者接受。与此同时，年内福鼎白茶还将举办包括于下月底举办的"全国百名作家看白茶"在内的多场活动，让白茶及白茶文化深入人心。通过近年来大力度的品牌宣传，福鼎白茶在国内的知名度与美誉度在不断提高。

（雷顺号　林海云）

闪耀"厦门国际茶业展览会"

由中国茶文化国际交流协会、厦门市总商会、厦门国际商会共同主办的2010中国厦门国际茶业展览会于11月5日在厦门拉开帷幕，吸引境内外221家企业莅会参展，其中境外企业78家。展品涵盖茶叶、茶具、茶包装、茶器械、茶食等。

福鼎白茶茶艺表演

2010年11月6日上午，福鼎市委副书记陈兴华向境内外200多家企业推介福鼎白茶。品品香、天湖、绿叶、天毫4家企业组团参会。海峡彼岸的台湾茶协会和马来西亚茶业商会、斯里兰卡茶叶局、意大利茶叶协会、美国茶艺师协会等世界主要产茶区的业界同行，欣然莅厦相聚，参与协办。

中国被誉为"茶的故乡"，是发现和利用茶叶最早的国家。厦门港历史上曾是中国茶叶输出欧洲的海上"丝绸之路"起点，特别是18世纪到19世纪中期，厦门港茶贸易鼎盛一时。新中国成立后，特别是1984年开放厦门口岸经营乌龙茶出口，厦门港茶叶贸易重现欣欣向荣的景象。目前，厦门已日渐成为福建省乃至中国内地品牌茶企的集中地，现有注册茶叶店就有一万多家。

承办本届专业展会的厦门会展金泓信展览有限公司总经理赖国香介绍说，厦门国际茶业展秉持"新模式，高规格，专业性，国际性"的理念，整合国内外市场产、供、销一体化的资源优势，以订货采购、加盟经销、进出口贸易为导向，旨在打造辐射全球的国际性专业茶业展。赖国香告诉记者，福鼎是"中国白茶之乡"，白茶性清凉，消热降火，消暑解毒，具有治病之功效。也因为白茶工艺简单，茶叶中的保健物质大都被完好地保留下来，常饮白茶能增加人体抵抗力，有很好的保健功效。在为期4天的展会期间，福鼎市参展团先后参与两岸茶业高峰论坛、海峡两岸茶历史展、品牌连锁加盟推介会、福鼎白茶茶艺表演等系列配套活动。

据了解，为推进两岸茶产业的交流，本届展会特别精心设立台湾茶展区，搭建平台增进两岸茶文化交流和茶产业互动。展会吸引了台湾天福茗茶、静思茶道、嵘阳茶行、意匠茶具、安达窑等众多台湾知名企业前来参展，约占展商总数的四分之一，成为厦门国际茶业展的一大亮点。同时，中国红茶、绿茶、白茶、黑茶、黄茶、青茶六大茶类悉数到场亮相，各品牌茶叶企业竞相莅会参展；而英国、斯里兰卡、印度等国际展商纷纷组团参加，更为众多采购商提供了一个国际性、专业化的贸易交流平台。

为了适应市场的要求，近年来福鼎市高度重视福鼎白茶的加工技术和保健功能等研究工作，引导企业加强创新。在推介会上，陈兴华表示，福鼎市近年来集中力量重点打造"福鼎白茶"公共品牌，经过几年的发展，以往白茶扎堆外贸出口的情况已经大为改变，白茶在国内的知名度和销售价也大为提高，现在福鼎人送礼都时兴送白茶了。

陈兴华表示，"目前同源于福建的铁观音、武夷岩茶已是家喻户晓，而白茶作为六大茶类之一，具备与前二者鼎立的潜质。厦门位于我国茶叶品种最齐全的东南沿海，与台湾相望，在过去一百多年的历史中，一直是国际茶叶贸易的最主要集散地之一。繁荣的茶业市场必然要有丰富多样、适合不同人群的产品。福鼎致力打造白茶产业，为福建茶业亮出一张新名片。"

（雷顺号）

牵手北京国际茶城打造"中国白茶第一品牌"

　　2010年9月1日，北京国际茶城、北京福建茶业商会、北京满堂香国际茶文化发展有限公司主办的"北京国际茶城开业三周年暨福鼎白茶文化交流新闻发布会"在北京国际茶城隆重举行。

　　据悉，这是北京国际茶城自2007年开业以来，首次为单一的茶叶品牌举行茶文化交流新闻发布会。《人民日报》、中央电视台经济频道、《北京青年报》、《新京报》等20多家在京新闻媒体记者参加新闻发布会，欣赏了福鼎白茶茶艺表演，品尝了地道的陈年福鼎白茶。当日，福鼎市委领导及福鼎市茶业局、福鼎白茶股份有限公司负责人带着驰名海外的福鼎白茶来到北京，向京城的消费者进行现场推介。

福鼎市领导向京城消费者推介福鼎白茶

福鼎白茶虽然迄今已有1200余年的历史，但长期以来"墙内开花墙外香"，作为一种特种外销茶类，95%的福鼎白茶销售到国外，并深受欧美、东南亚等市场的欢迎。福鼎全市涉茶人口38万余，在全国各地推介、营销福鼎白茶的有上万人，全市范围内有茶叶企业近400家。近年来先后在韩国、日本和全国、省、市各种茶叶质量评比活动中获得100多个大奖。

北京国际茶城位于有"茶叶第一街"之称的全国十大商业特色街之一的马连道，汇集全国各地茶商，交易面辐射东北、华北、西北等地区。成立于2007年的北京国际茶城，不仅有品目繁多的各种中国名茶，还囊括了诸如印度、马来西亚、斯里兰卡、日本、肯尼亚等几十个国家的上百种国际名茶，使京城百姓不用出家门便能品尝到世界各地的好茶。北京国际茶城董事长杜广敏表示，此次与福鼎市的"强强联合"，致力于在京城打造福鼎白茶第一品牌，将通过推动体制、机制、品牌、科技、文化的不断创新，寻找提升和融合商业和服务业的新的增长点，开拓艺术型、休闲型、体验型、娱乐型的新的产业增长模式，从文化创意产业入手，培育新的文化消费市场，弘扬福鼎白茶传统茶文化，推动福鼎白茶茶叶市场的发展。

（雨　田）

广州茶博会：万名"老广"品福鼎白茶

2010年12月23—26日，广州茶博会在广交会琶洲展馆隆重举行。福鼎白茶展馆人山人海，热闹非凡，展销两旺，9家参展企业获得订销合同突破5000万元。福鼎市委副书记陈兴华率团参加，并在"感受白茶·乐享健康"福鼎白茶广州万人品茗体验活动启动仪式上向中外客商推介福鼎白茶。这是福鼎继2005年、2007年之后，第三次在珠三角地区推广福鼎白茶。

近年来随着宣传推介的深入，白茶越来越受到人们的关注，甚而很多人开始收藏白茶。广州茶博会作为大型茶业盛会，人气汇聚，影响深远。为了让更多的茶友和市民能亲身体验福鼎白茶的益处，福鼎市政府召集福鼎白茶企业组团参展，并在羊城广州举办福鼎白茶万人品茗体验活动。通过媒体互动邀请观众现场品饮。

12月23日上午，伴随着古典雅致的乐曲，白茶仙子踩着轻柔的步伐，奉上清香淡雅的福鼎白茶，"感受白茶·乐享健康"福鼎白茶广州万人品茗体验活动启动仪式在广州广交会琶洲展馆举行，活动分为"爱上白牡丹"、"白毫银针"、"欢喜老寿眉"三个环节，让大家品尝白茶并介绍了白茶的种类及采集加工的方式。广州茶文化促进协会会长邬梦兆先生接受采访时说，他曾来过福鼎，白茶的鲜爽甘醇给他留下了美好、深刻的印象。有很多人还不那么熟悉白茶，因此白茶还属于"养在深闺人未识"的茶种。广州作为全国最大的茶叶市场，作为全国销茶量、吃茶量最多的地区，将会成为宣传、介绍、推广白茶，让人们认识、熟悉白茶的好地方。

来自福建的张女士说，在广州茶博会见到自己家乡的茶叶感到十分亲切，希望家乡的白茶能在茶博会上得到进一步推广，让更多的人认识白茶，品味白茶的香醇。

福鼎白茶广州万人品茗体验活动现场

　　茶博会期间，福建(广州)誉达茶业有限公司、福鼎（广州）广福茶业有限公司等9家参展企业获得订销合同突破5000万元，其中有相当部分的茶客冲着"寿眉"的健康功效而来的。原来20世纪80、90年代的广州茶楼特别流行"寿眉"茶。"寿眉"是福鼎白茶的传统品种，是扭曲的长条索，披有白毫，其形似老寿星的眉毛，故得名。"寿眉"不是贵重的白茶品种，是普通百姓喝得起的好茶，有天然朴实的香味，汤色淡黄，也很经泡。"寿眉"还可以用作中草药，煮沸后泡水不仅可以清火去腻，还可以防止感冒，尤其有明目的功效，因此很受"老广"们的欢迎。近年来在茶人中悄悄兴起了一股收集陈年寿眉的风气，原来因为有人偶得了一些80年代存放至今的老寿眉，发现老寿眉不但对治疗咽喉炎有奇效，而且滋味厚重，如山泉般的甘甜，沁人心脾，喝过一次之后再难忘记。

　　据悉，本届广州茶博会盛况空前，无论是参展规模、参会人数、交易量、传媒关注度等都再创历年新高。业内人士普遍认为，广州茶博会之兴旺，预示着来年我国乃至全球茶市将持续升温。据介绍，福鼎市在珠三角地区尤其是广州地区从事茶叶经营人员有300多人，开设了60多家茶叶经销店，年销售额达到5亿元，涌现出福建(广州)誉达茶业有限公司、福鼎（广州）广福茶业有限公司等年销售额突破亿元的省、市级行业龙头企业。

（雷顺号）

"热爱家乡·推介白茶"福鼎茶商大会召开

2011年2月7日，由福鼎市委、市政府主办的福鼎茶商大会在福鼎市金九龙大酒店召开。主办方表示，举办茶商大会的目的在于增进全市茶商、茶企与政府之间的多方联系与了解，凝聚各方智慧与共识，共同弘扬白茶文化，提升白茶品牌，推动福鼎茶产业的持续繁荣兴盛。

宁德市委副书记、政法委书记唐颐说，福鼎产茶历史悠久，茶叶是福鼎的特色产业。近几年来，福鼎市委、市政府高度重视茶产业发展，倾力打造白茶特色品牌，取得了显著成绩。他指出，在推进福鼎茶产业尤其是白茶产业快速、健康、持续发展的过程中，广大福鼎茶商作出了重要贡献。2011年是"十二五"开局之年，新的一年孕育新的希望，希望大家在新的一年里更加奋发有为，开拓进取，为福鼎茶产业的发展再创佳绩。

福鼎市委书记倪政云说，近年来，在各级党委政府的关心支持和全体茶商的共同努力下，福鼎白茶的知名度不断提升，但跟国内许多产茶县市相比，还有一定的差距。当前，福鼎正处于"十二五"开局之年，

福鼎茶商大会现场

福鼎白茶茶艺表演

全力加快赶超跨越发展的关键时期，衷心希望广大茶商在新的一年里，与家乡的茶产业发展融为一体，多加工、采购、销售家乡的白茶产品，为提升福鼎和福鼎白茶的知名度、影响力作出更大努力。

会议期间还举办了福鼎白茶股份有限公司股份转让竞投会。同时，大会发表了《"热爱家乡·推介白茶"福鼎茶商大会倡议书》。此外，当地文艺工作者们还精心准备了文艺节目，庆祝福鼎茶商大会隆重召开。

（曾云端）

福鼎白茶携手上海"红娘"

2010年4月11日，由上海浦东新区洋泾社区（街道）阳光驿站"红娘"范阿姨工作室主办、福鼎市芳茗茶业有限公司协办的"相约'范阿姨'青年交友会——携手走上幸福鹊桥"大型交友活动，在上海金桥国际茶城成功举办。福鼎市芳茗茶业有限公司现场派发了福鼎白茶礼品茶，还从福鼎运去1000株福鼎白茶茶苗，由当日配对成功的青年男女种植在上海金桥国际茶城园区。

活动现场，近200人的会场里喜气洋洋、欢声笑语。两名主持人和"红娘"范阿姨带领着大家进行互动交流，抢凳子、顶气球、派发福鼎白茶礼品等各式各样、新颖别致的游戏吸引了大家热情参与，3个多小时的活动，给年轻的朋友们创造了良好的接触机会。前来参加此次活动的青年男女共有300余人，家长80余人，活动现场牵手成功30余对。

据了解，红娘"范阿姨"工作室是上海知名的民间交友会组织，以"推动发展、服务群众、凝聚人心、促进和谐"为目标，营造美好和谐社会、和谐家庭、和谐幸福生活。

（雷顺号）

"全国百名作家看白茶"
中国散文笔会在福鼎举行

　　2010年10月22—25日，"全国百名作家看白茶"2010中国散文笔会在福鼎市举行，汪国真、翟俊杰、陈奕纯、蒋建伟等近百位海内外作家深入"中国白茶之乡"、"中国名茶之乡"——福鼎采风创作。

　　参加采风活动的宁德市委副书记唐颐在开幕式上致辞。他说，近些年，福鼎市委、市政府抓住时机，大力推动白茶产业的发展和品牌建设，取得了显著的成效。这次笔会也是一次很好的宣传推介活动，通过这次笔会与各位作家的深刻交流与分享，在繁荣文学创作的同时，也必将促进福鼎白茶产业的可持续发展。福鼎市市长陈其春向与会作家介绍了福鼎市概况，他认为，福鼎秀美的山水和丰厚的人文氛围，一定会给作家带来灵感，清香的白茶，是作家创作的好材料，能促使作家创作出优秀的文学作品，而作家的创作将进一步提升福鼎白茶的文化内涵。

　　笔会由中国散文年会组委会、《散文选刊·下半月》、《安徽文学》杂志社、福鼎市人民政府等联合主办。笔会期间，主办方围绕着福鼎白茶古老的历史、自然的品质、健康的功效、深邃的文化及和谐的特性，先后主持召开了"全国百名作家看白茶"2010中国散文福鼎笔会开幕式、"故乡与茶"主题研讨会，并深入管阳河山福鼎白茶基地、茶叶企业采风，举办百名作家茶树认养仪式等活动，作家们近距离地看白茶、品白茶、写白茶，激发了大家的文学创作激情。

　　白茶是我国特有的茶类，被称为"茶叶活化石"，一直以来深受海内外茶人的喜爱。福鼎全市森林覆盖率达65%，空气质量长期保持优质和稳定。特殊的地理气候条件和优越的自然生态环境，孕育繁衍了福鼎大白茶、福鼎大毫茶等国优茶树良种。作为传统六大茶类之一——白茶的原产

"全国百名作家看白茶"开幕式

地，福鼎白茶以其特有的品种优势、产量优势、工艺优势以及显著的保健作用久负盛名，产品主要出口欧美、日韩等发达国家和地区。福鼎也因此成为我国最大的白茶产区和出口基地，享有"中国白茶之乡"、"中国名茶之乡"、"中国茶文化之乡"的称号。"福鼎白茶"现已获得"国家地理标志证明商标"、"中国驰名商标"，也是"中国世博十大名茶"、"中华历史文化名茶"、"中国人民解放军三军仪仗队特供用茶"、"中国申奥第一茶"，福鼎白茶制作技艺还被列入国家级非物质文化遗产名录。近年来，随着福鼎白茶的宣传推介力度不断加大，加上欧美国家对白茶进行的深入研究发现，白茶"三抗三降"的显著保健功效逐步为世人熟知。福鼎白茶越来越赢得了众多茶人的认可与喜爱，满足了21世纪茶叶多元化消费的需求，推动了地方产业发展的繁荣。众多作家在笔会期间充分领略了福鼎白茶的独特魅力，欣慰于与福鼎白茶结缘，大家表示将围绕"福鼎白茶"进行散文、诗歌创作，更好地把"福鼎白茶"这一民族品牌宣传出去。《散文选刊·下半月》、《安徽文学》、《长篇小说》等刊物的主编们当场决定，将在近期和2011年上半年开辟"全国百名作家看白茶"专栏，集中刊登一批优秀的"福鼎白茶"主题散文、诗歌作品。

此次笔会还特邀了《青年文摘》总编辑续文利、《家庭》期刊集团总经理李军、《中国武警》主编张国领、美国《国际日报》副刊主编施玮、《散文·海外版》原执行主编甘以雯等期刊负责人参会，《文艺报》、《中华读书报》、《北京晚报》、中国国际作家联合会网、龙源期刊网、光明网等新闻媒体进行了全程报道。著名导演翟俊杰和著名诗人汪国真还先后为与会作家做了"谈影视与文学"和"谈艺术人生"的讲座。

（白荣敏）

附录："故乡与茶"研讨会发言（摘要）

高尔纯（国家广电总局剧本中心原副主任）：

故乡与茶的联系，既有故事层面，又有精神层面。我认为种茶、采茶不一定都能列入文化的范畴，但喝茶、品茶肯定是一种文化。中国向来有饮茶习惯，一个人对故乡的依恋，除了精神以外，更多表露的是对故乡乡土的依恋，其中自然也包含了茶文化在内。

施　玮（美国《国际日报》副刊主编）：

年轻的时候喜欢喝绿茶。它给人一种感觉，特别漂亮，喝绿茶时感受到人生像绿茶一样，思乡是非常脆弱的，就像青春，飞逝的时光一样。后来渐渐喜欢红茶，红茶并非中国人独有。喝的时候用的是外国的瓷器，感觉它比中国的要来得精致，就有点沮丧，和思乡一样没有归属感，渐渐又不喝红茶。我离家乡远，对故乡有更深的感情，当你远离的时候，思的不是这个故乡，思的是心里的故乡，我常常思乡。现在喜欢铁观音，感觉它茶色的稳定能掩盖我心里的不稳定。昨晚喝了白茶，初尝有龙井的味道，但与龙井不同的是，它给人一种质朴的原生态的感觉，略有点粗野的故乡的味道，现在生活在城市中远离泥土的人越来越找不到这样的感觉，如果在这方面对白茶做一些文章，我想会是很好的方式。我想我会渐渐喜欢上白茶，它有质朴的根的感觉。

李　军（《家庭》期刊集团总经理）：

我家在西安，中年以后才对茶有了感觉，刚才也听福鼎的专家说了白茶的六大功能，我觉得茶与中国文化、历史紧紧联系在一起。希望福鼎的白茶能走向全国，我想今天的活动是一个很好的举措，感谢主办方让我们作者有这样的一个机会，了解喝茶的好处，喝白茶，写白茶。

甘以雯（《散文·海外版》原执行主编）：

当了3年《散文》杂志主编，自然接触了各种茶叶。3年前在杭州茶博物馆结识了福鼎白茶，喜欢上了白茶的淡雅。和很多艺术家朋友结识，饮过茶，受他们影响爱上茶，我喜欢坐在家里的古典家具上，喝乌龙、普洱，品字画。品茶主要是谈人生，谈文学。我觉得，茶以其苦涩入口，一杯清茶常常使人定思凝神，令人神情俱爽，因而茶常常被文人雅士所喜爱。茶文化为中华民族的文化精髓，成为人们精神和物质的伴侣。

穆广菊（龙源期刊网总经理）：

我喜欢福鼎，喜欢这两个字，感觉到了有福之地的兴奋和喜悦。尝了白茶，感觉很清、很淡、很滑润，有醇厚感，我非常喜欢喝茶，喜欢研究茶艺，喜欢日本的茶道。喝茶是一个很好的文化，中国茶文化是中国文明的一个重要体现。品茶可以去掉浮躁，静心、养性。有两个建议：一是建议喝酒的人都改喝茶，以茶代酒，喝出健康；二是建议福鼎市政府把白茶大力推广到饮茶爱好者当中。

唐　颐（宁德市委副书记）：

我喝茶的历史也算比较长了，上世纪60年代末，插队当知青到田间干活，经常喝农民兄弟泡在竹筒里的粗粗的茶叶水，说是解渴又防暑祛病，虽然那只能算"牛饮"，但却十分管用。70年代，在福安县当工人，隔壁有个地区级的国营茶厂，一日，师傅从那里弄来二两茉莉花茶，我第一次喝到有着浓郁花香的茶水，十分惊奇甚而陶醉。80年代，喜好喝绿茶，闽东大地多产此物。特别是清明前后的新茶，冲在玻璃杯里，看看青芽绿叶飘荡，品着山野的清香，开始觉得喝茶叫"品茶"是有道理的。90年代，八闽大地开始时髦起乌龙茶，起先也就是赶时髦，但喝着喝着，竟上瘾了，发展到出差也得带上紫砂壶。前些年，到福鼎工作，那年，福鼎获得"中国白茶之乡"的称号，全市上下发展白茶产业的热情高涨，许多福鼎同事告诉我，白茶对治咽喉炎很有效，白茶能降血压、降血脂、降血糖……这简直不是茶，是药，是保健药了，岂能不多喝！至于口味，改变起来，似乎也不难。乍喝白茶，感觉没有乌龙、岩茶的浓郁香韵，但多喝几次，细细品味，白茶淡雅之中的韵味更显得绵长，这一喝整整5年。前年，我去做了一次体检，20年缠身的高血脂、高胆固醇竟降到接近正常的指标，十分欣喜，今年又做了体检，仍然接近正常指标，我不得不信服奇妙的白茶了。

（按发言先后次序排列）

一次世博名茶的深远影响

　　"一个地球，一个联合国，一杯中国茶"最终确立中国茶入驻联合国馆主题，衡量出中国茶立足世界的决心和重新审视自身发展和思考的能力。

　　"喝茶，让城市生活更美好！""喝茶，让人类生活更健康！"中国茶与上海世博会"城市，让生活更美好"理念的对接，让中外游客的评价找到了主调。福鼎白茶与其他中国世博十大名茶带给国人乃至世界充满奇迹的184天。

　　明眼人都看明白了，中国茶入驻世博，收获的不仅仅是"UN"符号，也不仅仅是贝南的这句话，而是"UN"使中国茶整体形象得到了大大的提升。让世界了解中国茶文化和中国茶，这是中国茶界百年的梦想。今天，中国世博十大名茶担当向世界传播和推广中国茶文化重任的同时，率先通过世界国际组织首脑把中国茶递向了世界，上演了一出"一杯中国茶"的连续剧。

　　难舍世博梦，难舍白茶情。福鼎白茶在世博会联合国馆的展示圆满结束了，有成功的喜悦，有艰难时的压力，有收获后的放松，也有对精彩难忘的留恋……

第五篇

借力世博会　谋求新跨越

　　福鼎白茶（太姥银针）入选2010"中国世博十大名茶"，这是新中国成立以来福鼎茶叶获得档次最高的一次国际展示机会。福鼎白茶作为入选十大名茶的新兵，不仅有与其他入选名茶同台竞技的压力，而且也代表了唯一白茶类产品的形象。据福鼎市茶业局局长陈诗雄介绍，除了前期的大力宣传推介，福鼎市还针对世博会特点和前、中、后各个时期的工作重心，由全市11家规模和影响较大的茶叶企业共同出资成立福鼎白茶股份有限公司，主推福鼎白茶"太姥银针"品牌，力求打造一款全新的具有中国白茶类"标杆"意义的产品，并把这款新茶推向世博会联合国馆。另外，福鼎市还创新宣传推介形式，举行了"世博白茶仙子"、"世博茶寿星"等一系列评选活动，在世博会期间进行福鼎白茶的展示推介。

　　茶盘里的博弈总是充满着玄机。在同一方青竹茶盘里，铁观音曾经火了，普洱茶曾经火了，红茶曾经火了，接下来，似乎也应该轮到白茶了。

福鼎白茶入选"中国世博十大名茶"授牌仪式

主导白茶复兴之战的主战场在白茶原产地、中国白茶之乡——闽东福鼎。

　　福鼎产白茶历史悠久，早在150年前就饮誉海外。据史料记载，清朝康熙年间，福鼎沙埕港设贸易口岸，成为茶叶出口集散地。清朝嘉庆初年，"白毫银针"更是被誉为"世界名茶"，为英国女王酷爱之珍品。至清末民初，福鼎白茶已远销欧、亚39个国家和地区。

从来都以为，生于青山、长于幽谷的茶该是人间最蕴涵风情的植物了。如果说铁观音醇厚，云雾茶矜持，毛尖缠绵，那么白茶则属清雅了。

近年来，福鼎市委、市政府提出了把福鼎白茶品牌做强做大的战略。在福鼎市委、市政府的大力推动下，白茶逐渐走入市民的视线，众多福鼎白茶品牌开始走俏全国茶市，在茶客的杯中，又添一抹清雅。提壶把盏间，除了与众不同的品饮体验，茶客们讨论最多的当数白茶独特而显著的保健功效。

茶界泰斗张天福曾经说过，白茶乃天地造化之风物，不失为茶界一珍。福鼎白茶以不经揉炒的特异方法加工制作而成，是最原始、最自然、最健康的茶类珍品。福鼎白茶最显著的特点在于它所独具的保健功效。中医药理证明，白茶性清凉，消热降火，消暑解毒，具有治病之功效。国内外的最新研究表明，相比其他茶类，白茶的自由基含量最低，黄酮含量最高，具有降血压、降血脂、降血糖，抗氧化、抗辐射、抗肿瘤，促进人体免疫力细胞的干扰素分泌量增加5倍等作用。据最新研究表明，白茶提取物对导致葡萄球菌感染、链球菌感染、肺炎等细菌生长具有预防作用。美国癌症研究基金会的研究资料也表明，白茶是一种新的抗癌物质，能不断抑制、缩小肝癌肿块，提高人体免疫功能。显著的"三降三抗"和防癌抗癌的功效让白茶在众多茶品中脱颖而出，成为许多茶客的养生秘宝。

白茶的功效甚至引起了英国《每日电讯报》记者的关注，在今年5月1日的报道中，"白茶能减肥、白茶能防癌"的新闻被境外记者竞相转载。

正在岩茶王国武夷山推广白茶的隆合茶业总经理严秀兰如是说：因为白茶有着特殊的美容祛痘功效，更能够征服茶市的短板——女性市场。于是，在隆合茶业的白茶推广过程中，便有意识地将女性化色彩融入白茶中，使白茶又成为一种兼具特殊人群需要的大众茶饮，白茶因其延缓衰老作用已经成为都市女性的新宠。

一夕间，福鼎白茶走进了千家万户，保健作用成了福鼎白茶的最大卖点。

（雷顺号　夏林涛）

中国世博会选出"白茶仙子"

　　3月2日，为期3个月的2010年中国世博"白茶仙子"选拔活动在福鼎圆满谢幕。经过评委们全面严格的评选和三场角逐，福建师范大学英语系本科生翁雯雯等6名佳丽在22名竞争者中胜出，将作为上海世博会联合国馆志愿者参加世博会系列活动，并代表福鼎白茶参加国内外重大茶事活动。

　　福鼎白茶为中国白茶的典型代表，有幸入选"中国世博十大名茶"。为迎接世博会的到来，进一步打造福鼎白茶品牌形象，在全国范围内选拔中国世博"白茶仙子"。据介绍，参加"白茶仙子"的评选条件很高，要求"白茶仙子"年龄在18—28岁，身体健康，五官端正，眉目清秀，清新淑雅的爱茶女，身高160—170cm之间；有国家茶艺师、国家评茶师相关证书，掌握一门以上才艺（譬如擅长中国传统乐器中的古琴、古筝、笛子、扬琴，擅长书法、中国画，擅长绣花、花道，擅长朗诵、声乐、戏曲和民族舞蹈），在茶行业（包括茶馆、茶艺馆、茶楼）从事本职业2年以上，有英语会话能力者优先考虑。当晚评选方式分为三个环节：第一个环节是参赛选手全部出场走台亮相，进行个人自我介绍，让评委们对参赛选手的仪容形体和语言语貌进行严格的评选；第二个环节是将第一个环节入选的参赛选手进行简单的动作模仿，让评委们对参赛选手的手指灵活度和动作协调性进行严格的评选；第三个环节是让入选决赛的选手进行才艺表演，让评委们对参赛选手的内在气质、知识涵养和才艺特质进行全面严格的评选。最终6名佳丽入选为中国世博会"白茶仙子"。

中国世博"白茶仙子"活动作为第17届上海国际茶文化艺术节开幕式其中一台节目亮相，并在开幕式现场由中国2010上海世博会联合国馆、上海国际茶文化节组委会、中国世博十大名茶活动组委会颁发荣获"城市生活健康茶仙子"（中国世博茶仙子）的证书，由中国世博十大名茶总代表向"中国世博茶仙子"赠送世博十大名茶茶礼。

（雷顺号　林海云）

"白茶仙子" 下凡上海滩

4月9日，为期半个月的2010上海豫园国际茶文化艺术节拉开帷幕，这是以"豫园茶香、韵添世博"为主题的中国茶在豫园商城举行的世博前的热身赛。

本届茶文化节由中国国际茶文化研究会、中华茶人联谊会、上海市黄浦区人民政府、上海市茶叶学会、上海市茶叶行业协会、上海豫园旅游商城股份有限公司主办，中国世博十大名茶——2010上海世博会联合国专用茶，集体亮相豫园商城；10名"中国世博十大名茶"的形象大使（仙子）首度亮相上海滩。

中国世博十大名茶——2010上海世博会联合国馆专用茶于4月9—25日期间，在"世博场外馆"豫园商城做整体特区展示。届时，中国福鼎白茶(太姥银针)、都匀毛尖、西湖龙井、安溪铁观音、天驿古茗武夷山大红袍、润思祁门红茶、一笑堂六安瓜片、湖南黑茶、天目湖(富子)白茶、张一元花茶等中国世博十大名茶，以各自的风采神韵，纷呈闪亮。

60名"中国世博茶仙子"在经过各地层层选拔后脱颖而出，气质优雅、多才多艺，个个能歌善舞、人人会唱能演，说一口流利的英语，在184天上海世博大舞台上将以她们的形象美、气质美、才艺美、礼仪美，持续整体地传播中国茶文化的魅力和韵味。其中中国世博茶福鼎"白茶仙子"经选拔后，优胜者夏橙出任"中国世博十大名茶"福鼎白茶的形象大使，在豫园国际茶文化艺术节开幕式上亮相展演和个人才艺专场秀，让游豫园的游客一睹为快，"惊艳九曲桥"，成为本次艺术节中的最大看点。

选精品、评名茶，开幕式上由中国国际茶文化研究会、上海茶叶学会和上海茶叶行业协会评定的"中国精品名茶"奖，颁授特制的龙泉青瓷

"中国世博福鼎白茶仙子"首次在上海精彩亮相

奖瓶，中国国际茶文化研究会会长周国富挥笔书写的题词遒劲有力，二者辉映，相得益彰。福鼎白茶在众多的竞争对象中胜出，荣膺"中国精品名茶"奖。福鼎白茶股份有限公司推出的新产品"白茶仙子"、"茶福娃"、"茶寿星"受到消费者的青睐，样品茶被游客抢购一空。

话世博、谋发展，开幕式后参加"中国茶产业发展高峰论坛"的学者、专家、金融投资机构和茶企业家们坦诚交流、共同研讨中国茶产业抓世博机遇、由大至强的发展之道。福鼎白茶以健康的功效博得与会专家的一致认同。

湖心亭，飞檐翘角、玄瓦朱窗，巍峨屹立于九曲桥荷花池中央，是豫园商城的标志，也是上海的根脉象征，代表这个城市接待世界各国元首、政府首脑、王室达人等重要人物，也是接待世博嘉宾的城市客厅。豫园茶文化节至今已经连续举办15年，成为上海每年一届的全国茶商和茶企进行茶文化展示的盛会。"福鼎白茶"推介宣传活动通过茶艺表演、展示展销和互动交流，充分展示了福鼎白茶的优越生态特性和深厚文化底蕴。

（雷顺号）

"白茶仙子"惊艳上海世博园

　　桃红柳绿，春雨绵绵。2010年4月24日，5名福鼎"白茶仙子"与另外50位"中国世博茶仙子"汇聚上海世博会联合国馆接受证书，在以"品茶，美丽淑雅——中国世博茶仙子"为主题的"中国世博茶仙子"颁奖活动中，福鼎"白茶仙子"以她们的"难忘太姥山"表演唱才艺展现于世人，成为当日世博园联合国馆试运营的一大亮点。

　　此前，为秀出"品茶，美丽淑雅——中国世博茶仙子"上海世博会联合国馆的亮点，福鼎"白茶仙子"与"中国世博茶仙子"在中国世博十大名茶活动组委会负责培训老师的编排下，完成了对名茶的自述、音乐、舞蹈、茶艺的短暂培训，第一次在上海世博会联合国馆这样一个人口密集地

"福鼎白茶仙子"惊艳上海世博园

面对中外来宾展示才艺秀，赢得了与会嘉宾和广大市民及旅游者的赞誉。这次茶仙子颁奖活动，既是作为来自不同地方的茶仙子进行有效磨合与组合的一次预演，同时也为世博茶仙子正式进入世博会联合国馆为期半年服务的热身赛。尤其代表中国世博十大名茶的形象大使组队闪亮登台，引起媒体的广泛关注，被誉为"中国淑女"。

在中国世博茶仙子颁奖活动中，来自全国各地的茶文化、茶学、茶产业专家在现场评出"中国世博十大名茶"形象大使的"最佳上镜茶仙子"、"最佳气质茶仙子"、"最佳茶艺茶仙子"、"最具亲和力茶仙子"、"最具魅力茶仙子"、"最佳口才茶仙子"、"最佳台风茶仙子"、"最佳甜美茶仙子"、"最具潜力茶仙子"等十大奖项。福鼎"白茶仙子"夏橙荣获"最佳甜美茶仙子"。"这次能够被评为中国世博会'最佳甜美茶仙子'，我感到非常的荣幸和自豪，我深深感到这次世博会之行责任重大，不仅要把福鼎白茶的芳香带到世博会，而且要展示好福鼎白茶及福鼎茶业的良好形象。我绝不辜负大家对我的厚望，一定会把福鼎白茶的茶香传播到整个世博会，为古老文明的中华茶文化添一抹芬芳。"福鼎"白茶仙子"、福鼎白茶形象代言人夏橙激动地告诉记者。

此外，主办方还委托国家邮政部门发行以"中国世博十大名茶"篆刻形式为主题的个性化邮票，福鼎白茶首次入选。

据悉，"城市生活健康茶仙子"（中国世博茶仙子）选拔活动于2009年12月启动，面向全国招选清新淑雅、素质过硬的佳丽，担当中国茶文化形象大使，最后由世博会组委会确定60名"中国世博茶仙子"，进入上海世博会联合国馆，展示中国茶文化的魅力。

（雨　田）

"白茶仙子"为习副主席奉茶

　　2010年4月30日，上海世博园内春光明媚、叶绿花红。当日下午4时许，中共中央政治局常委、中央书记处书记、中华人民共和国副主席习近平来到世博会联合国馆参观。习近平副主席在联合国助理秘书长、上海世博会联合国展区总代表阿瓦尼·贝南先生陪同下一起来到了联合国馆内的"中国世博十大名茶"茶艺演示台前，很高兴地品尝了一杯中国世博十大名茶，福鼎"白茶仙子"翁雯雯、夏橙全程为习近平副主席品尝福鼎白茶热情服务。

　　据中国世博十大名茶活动组委会有关负责人介绍，4月27日，中国世博十大名茶活动组委会接到联合国馆通知，让组委会安排2—3台茶艺节目，准备在30日作为联合国馆接待贵宾的节目献给中央有关领导，随后中国茶展示区连夜布置工作任务，并规定茶艺表演节目。到了4月30日中午12点，组委会接到联合国馆的通知，由于首长的参观时间比较紧张，茶艺表演节目临时取消，但需要"茶仙子"做好接待任务。组委会立即让"茶仙子"进行角色转换，由表演任务转换成接待任务。联合国馆茶艺演示台安排由福鼎"白茶仙子"翁雯雯、夏橙，六安"茶仙子"翁纪璇，四川"茶仙子"卿钰全程负责接待任务并泡茶、奉茶给习近平副主席品尝。

　　4月30日下午4时许，习近平副主席面带微笑地走进联合国馆，并在贝南的陪同下来到了茶艺演示区稍作停留。此时此刻，作为主泡的河北"茶仙子"赫素玉以娴熟的茶艺技巧冲泡茶毕后，作为辅泡的福鼎"茶仙子"夏橙端茶入盘，由四川"茶仙子"卿钰端茶，缓步上前奉给习近平副主席。整个泡茶动作，从主泡到辅泡再到奉茶，这一招一式，既快速又熟练，一气呵成。只见习副主席笑容可掬，轻轻端起闻香杯，先闻其香，然后品茶，一切是那样的舒心惬意。随后，习近平副主席来到中国茶展示区门口，继续与贝南进行交流。一杯茶，是习近平副主席对中国茶的关爱；一杯茶，是习近平副主席对"中国世博茶仙子"的肯定。

（雷顺号　舒曼）

福鼎白茶正式入驻世博会联合国馆

5月15日，包括福鼎白茶在内的"中国世博十大名茶"正式入驻上海世博会联合国馆，世博会中国茶展示区同时启动，福鼎白茶茶艺表演作为"中国世博十大名茶"的首场表演秀，让参观上海世博会联合国馆的中外游客一饱眼福。

茶为国饮。中国是产茶大国，是世界茶文化的发源地。经过严格评选，福鼎白茶、西湖龙井、安溪铁观音等国内十大名茶被评为"中国世博十大名茶"，并首次以"中国茶叶国家队"的身份代表中国传统文化进驻世博会联合国馆。

在活动仪式上，中国世博十大名茶活动组委会向联合国副秘书长阿瓦尼·贝南赠送了"中国世博十大名茶"。贝南代表联合国秘书长潘基文感谢"中国世博十大名茶"对联合国馆的支持。他说，茶不仅是一种农产品，也是一种文化，具有丰富的历史文化元素，"在我看来，饮茶是一种生活方式，它代表了中国的伟大。饮茶就是享受人生，它把幸福和快乐带给人们，这与'城市，让生活更美好'的世博理念不谋而合。"

"福鼎种茶历史悠久，是中国茶历史的重要见证者。"宁德市委副书记、政法委书记唐颐在接受有关媒体采访时说，福鼎白茶以"健康、生态"闻名于天下，是闽东乃至中国具有深厚历史文化底蕴的物质和文化遗存，福鼎市委、市政府要以福鼎白茶入驻联合国馆为契机，充分发挥福鼎在茶领域的独特优势，进一步打响"福鼎白茶"特色品牌，努力挖掘福鼎白茶的深厚文化底蕴，把福鼎白茶的茶文化魅力对接到世博主题中去，把以"中国世博十大名茶"为代表的中国茶文化推广到全世界。

活动仪式上，《中国世博十大名茶共同宣言》同时诞生。《共同宣

媒体聚焦"白茶仙子"

言》指出，我们以世博会"理解、沟通、欢聚、合作"八字精神为核心，组建了中国世博十大名茶活动组委会，在"一个地球，一个联合国，一杯中国茶"的理念架构下，在本届世博会"城市，让生活更美好"主题的感召下，倡导"喝茶，让城市生活更美好"、"喝茶，让人类生活更健康"的重要思想。我们相信"中国世博十大名茶"入驻上海世博会联合国馆的展示，使中国名茶与名茶之间深化了认识，扩大了共识，加强了合作，取得了积极成果。我们相信，通过2010年上海世博会搭建的这一广阔平台，各名茶之间加强沟通与交流，开展信息交流、人员交流、技术交流和经验交流，增进相互了解，分享机遇与成果。我们确信，本次活动的举办将对中国乃至世界茶产业产生广泛、积极和深远的影响，推动中国茶产业共同应对挑战、增进彼此合作、实现共赢发展。

据了解，此次入驻世博会联合国馆的十大名茶分别是福鼎白茶、西湖龙井、天目湖（富子）白茶、湖南黑茶、润思祁门红茶、安溪铁观音、都匀毛尖、一笑堂六安瓜片、武夷山大红袍、张一元花茶。

（雨　田）

福鼎向联合国赠送白茶

2010年8月6日下午，上海世博会园区100多国参展方代表齐聚联合国馆，一场独有韵味的"世界和谐茶会"拉开帷幕。活动中，各国嘉宾互相奉茶、一起品茶，亲身感受到了中国10种名茶的香韵、雅韵，同时通过品茶加深沟通与理解，共叙和谐友谊。福鼎市委副书记陈兴华代表57万福鼎人民向联合国副秘书长、联合国馆总代表阿瓦尼·贝南赠送了福鼎白茶，将永久收藏在联合国馆总部向世人展示。

我国著名茶艺专家乔木森以笔作壶，在画轴样的茶盘上写字般地倒茶，优雅的太和茶道令不少外国友人啧啧称赞。茶会开始后，主办者相继

福鼎市领导向联合国副秘书长阿瓦尼·贝南赠送福鼎白茶

沏上都匀毛尖、福鼎白茶、西湖龙井等"中国世博十大名茶"，各国嘉宾互相奉茶、共同品茗，现场顿时茶香四溢。

来自丹麦馆的玛丽告诉记者，自己喜欢喝茶甚于喝咖啡，有机会一下子喝到10种中国名茶，实在令人兴奋，尤其是具有健康功效的福鼎白茶让她备感幸运。邻座的英国馆工作人员则不时与她交流自己对于福鼎白茶的认识和感受……茶会传递着"理解、沟通、欢聚、合作、友爱"的理念，拉近了现场所有人的距离。

据悉，联合国馆广场以中国世博十大名茶活动组委会组织的"世界和谐茶会"将成为人类文明的一次精彩对话。由40多个联合国组织共同参加的联合国馆同样采用了现代多媒体技术作为主要展示方式。不同民族、不同种族、不同区域、不同文化的多元融合，在弥漫着中国茶香的联合国馆得到了最好的展现。联合国参加世博会的目标是展示联合国各机构所推动的并与上海世博会主题"城市，让生活更美好"相关的全球"城市最佳实践区"案例。

中国茶文化的核心理念是"和合"思想。如果说，21世纪是中国茶饮料一统天下的世纪，那么，这一世纪文明的精彩对话将是以茶为载体，以茶文化的和谐思想汇集各国人民对联合国的真知灼见，承载人类对"和谐世界"的架构以及全球未来合作与人类未来发展的深邃思考和广泛共识。中国茶文化是构建"和谐"与形成这种共识的最好的"润滑剂"，也是最有效的载体。以世博十大名茶在联合国馆的活动区倡举世界各国人士参与的"世界和谐茶会"，成为世界上参加国家最多的一次茶会。在这里，让来自不同国家、不同区域、不同种族、不同语言、不同肤色、不同信仰和不同文化的人通过互相奉茶、敬茶和互相礼敬的方式，突出人类要和谐相处、和睦友善、诚信待人的思想，显示出"以小我融入大我"的茶道精神，用茶一样的平和心情，把心灵美好、人生美好、自然美好全部注入世博的一壶茶中，继而达到"世界人民大团结"根本目的。"世界和谐茶会"实际上是一次人类文明的精彩对话。"世界和谐茶会"所表达的精神是：在当今世界以和平共处为依托、以对话交流为主要方式的活动中，茶文化作为一种漫长的历史现象将永远存在，并将在现实社会的和谐发展中起着不可估量的作用。人类需要这种文明的对话!

联合国副秘书长、联合国馆总代表阿瓦尼·贝南表示,联合国馆作为国际组织馆,无疑是最耀眼的闪光点之一。本次联合国馆将向人们充分展示联合国各机构所开展的活动,展示其通过什么样的途径来推动城市发展、改善城市民众生活,尤其是展示联合国如何推动实现"千年发展目标"。中国茶文化无疑将成为影响联合国推动实现"千年发展目标"一个有机组成部分。联合国组织自成立以来,一直对东方文化情有独钟。中国茶文化有儒家的治世机缘,佛家的淡泊节操,道家的天人合一,是凝聚中国儒、释、道文化的经典代表,其文化精髓中的一个"和"字,应该渗透于联合国各组织的各个层面。茶文化主张"以茶修德"、"以和为贵"、"和气生财"的基本思想,强调"和谐"、"和敬"、"和美"、"和平"、"和廉"、"和爱"、"和气"、"和俭"、"和善"、"和解"的义理;强调"茶道即人道"、"平常心是道"的哲学思想;强调"天人合一"、"人与自然"、"美善统一"的茶艺美学思想;强调"精行俭德"、"德博而化"的人道思想,包含着"立于礼"的修养方法以及"理解"和"沟通"的人际关系内涵。中国茶文化倡导清和、俭约、廉洁、求真、求美的主张完全符合联合国所倡导的"世界需要和平,人类需要和谐"理念,更何况中国茶文化还能融合于世界各宗教不同的价值取向。世界上任何文化体系中都没有像中国茶文化所具有的包容性。联合国将以"一个地球,一个联合国"为主题进行展示。而中国茶文化也将循着这一主题加上了"一杯中国茶"的思想,由此变为"一个地球,一个联合国,一杯中国茶"的概念。

(雨 田)

"世博"让福鼎白茶更精彩

——访"中国世博十大名茶"总策划舒曼先生

"中国世博十大名茶"的概念,已被各媒体炒得火热。这十款茶不仅受到广大种茶人和饮茶人的关注,亦成为业内茶文化和茶学专家谈论正酣的话题。中国茶入驻联合国馆,大量的热点不仅在世博十大名茶本身,而是围绕着联合国馆将汇集几十个国际组织,使之与中国茶文化对话。福鼎白茶以其悠久历史和生态保健的优势入选"中国世博十大名茶"、入驻世博会联合国馆。2010年8月6日,联合国馆举办"世界和谐茶会","中国世博十大名茶"总策划舒曼就"世博福鼎白茶元素、世博会上以什么样方

联合国副秘书长阿瓦尼·贝南品饮福鼎"白茶仙子"进献的白茶

式来传递福鼎白茶声音和后世博白茶经济"等问题接受了记者的采访。

如今，在2010上海世博会联合国馆崛起的"中国世博十大名茶"已成为不可阻挡的趋势，它将引领中国茶产业以更快速度走向成熟，全面走向国内外市场。舒曼认为，有如此众多的国际组织聚集在世博会联合国馆舞台与中国茶见面，不得不承认，这在人类世博史上是前所未有的。联合国馆内主要集中展示联合国及其系统机构和各国际组织在可持续发展、气候变化、城市管理等领域进行的有益尝试及实践成果。联合国馆没有任何商业价值可循，不允许也不可能有任何商业价值出现，但是，中国茶却是个例外。她是代表五千年中国文化元素走进去的，也是带着完成宣导中国传统文化的使命走进去的。

唤醒高雅，让联合国馆弥漫着白茶香

中国茶文化能代表中国传统文化吗？在很多人看来，这似乎不能完全画等号。然而，当我们从另外一个角度出发，有着五千年历史的茶文化是伴随着中华五千年文明一同走来，它所倡导的"和合"精神完全是中国传统文化精髓的一个缩影，也可以认为是中国文化实质的主流精神，在这种情况下，中国茶走进世博会，入驻联合国馆理所应当地承担着将中国文化与世界文化融同交流的责任。

中国茶叶国家队自信地认为，世博茶已经融入"一切始于世博"的人文理念。中国茶叶国家队进驻联合国馆，并不在于这个"馆"的本身，而是在于以中国茶为载体的中国传统文化与世界其他国家以及各个国际组织的融合、对话。

位于上海世博园世博大道中心位置的联合国馆建筑，以不事张扬的建筑风格、内敛精致的品质雕琢，在璀璨生辉的联合国"UN"微标衬托下，给人以一种世界人民大团结的辉煌气度。

舒曼认为，世博会有助于探讨福鼎白茶文化对城市生活的意义。当今世界，人们生活离不开茶。实现"城市，让生活更美好"的愿景，离不开人们对"喝茶,让人类生活更健康"的期盼。白茶文化作为茶文化个性化标识融入世博会联合国馆,以中国白茶特有的魅力和价值观念去实践"城市,让生活更美好"的主题思想,充分展示中国茶文化在为人类美好生活、健康生活、和谐生活的缔造,所产生举足轻重的作用。舒曼告诉记者,"喝茶,让人类生活更健康"对福鼎白茶的重要意义亦体现在:福鼎白茶将享有"健康绿卡"的代名词。不同于普通意义上的茶叶展示,白茶文化在联合国馆的展示,不仅是代表中国传统文化的展示,而且还是让世界了解白茶能抵御疾病和防控疾病的意义上的展示,了解喝福鼎白茶对提升人类生活健康指数的重要意义。2009年5月1日,英国《每日电讯报》刊登了彼得·福斯特的一篇《古老的中国白茶能防治肥胖症》的报道后,使得福鼎白茶的知名度和美誉度大增。所以说,这次福鼎白茶在世博会联合国馆的展示所体现的价值不仅仅是在文化和社会效益上,更在"健康绿卡"的效益上。福鼎白茶亦将随同其特殊的价值而成为"人类健康"的代名词。

回归高雅,白茶衬托文明世博的象征

早在1850年,中国茶叶就已经出现在英国伦敦举办的世博会上。1867年法国巴黎世博会上,清政府还派出三名中国茶艺小姐参加世博会。再以后,1876年的美国费城世博会、1904年的美国圣路易斯世博会、1915年的巴拿马世博会等多届世博会上都不乏中国茶叶的身影,有一些茶叶甚至奖项在握。尽管如此,由于当时国力不够强大等诸多因素的影响,中国茶始终无法"抱团"出征世博会,无法透过中国茶来体现出其中蕴涵的深刻的文化底蕴。这对于中国五千年的茶文化和有着150年历史的世博会来说,不得不说是一个巨大的遗憾。

2010年上海世博会却与往届不同,尤其在联合国馆中,由"中国世博十大名茶"组建的中国茶叶国家队"抱团"出征世博会,并以中国茶文化特有的"和"文化思想，以及"感恩、包容、分享、结缘"的茶道精神，结合中国茶艺文化气质，打造具有高雅、时尚生活内涵的品茶文化，又以"中国世博十大名茶"组合包装成为"Chinese Tea"核心茶礼，通过实物展示、茶艺表演、茶文化论坛和举办"世界和谐茶会"，与联合国馆的相关活动进行串联，使联合国馆里处处弥漫着中国茶香，使各个国际组织在举行相关活动时，形成亲切温馨的活动空间，创造更加和谐的活动氛围，让国内外与会嘉宾们不仅能够看到中国茶，闻到中国茶，品到中国茶，更能透过中国茶香感受到中国茶的魅力所在。此外，在联合国馆内，除了中国茶专用的100平方米展区外，将有"中国世博茶仙子"以"客来敬茶"的演示方式，用中国人特有的以茶待客之道，礼敬各位宾朋。

舒曼指出，这是福鼎白茶与联合国各国际组织的一次难得的对话。福鼎白茶进入联合国馆以来，已经与国际展览局、联合国教科文组织、国际电信联盟、联合国人居署、联合国卫生署等进行了一次极佳的对话，这些国际组织对中国白茶的认知度已有所提升。这种互动，实际上完成了福鼎白茶抑或是白茶文化与联合国的一次互动。这必将推动白茶文化以更加开放、自信的心态去履行向世界传播的任务，为联合国推动的"千年发展目标"与构建和谐世界作出更大贡献。福鼎白茶文化在为上海世博会增添光彩的同时，也提高了福鼎白茶在国际社会的影响地位。

舒曼说，福鼎白茶在联合国馆参与的"世界和谐茶会"，已成为人类文明的一次精彩对话。在这里，让来自100多个不同国家、不同区域、不同种族、不同语言、不同肤色、不同信仰和不同文化的人，通过国与国代表互相奉茶、敬茶等方式，突出人类需要和谐相处、和睦友善、诚信待人的思想，突显"感恩、包容、分享、结缘"的茶道精神，用"太姥银针"一样的平和心情，把对心灵美好、人生美好、自然美好的感情因素全部注入世博一壶茶中。同时，让外国友人了解福鼎白茶不仅是健康的引导者，而且是智慧的传播者……所以说，白茶文化将超越她的一般意义所在，她将以"和谐使者"的身份面对世界。联合国馆馆内的白茶文化现象也必将成为世博会一道亮丽的风景线。而这道风景线的真正意义所在——"福鼎白茶"在同一时间点征服了100多个国家代表的"味蕾";福鼎被震撼了,同一时间点,"世界"正冲泡着"福鼎白茶";举世惊叹,100多个国家终于喝上了"太姥银针";福鼎白茶创造了中国茶的奇迹——"太姥银针"在100多个国家代表口中被同时"回味";"世界和谐茶会"——福鼎茶香弥漫"世界";100多个国家代表同时举起"太姥银针"茶杯,唱响"世界和谐茶会"。

坚守品质,白茶引领中国名茶高尚发展方向

中国茶缺什么?或许很少有人会思考这一命题。但对于"中国世博十大名茶"而言,能成为"中国2010上海世博会联合国馆专用茶"这一不可复制的和难以得到的荣誉,考虑的绝不是简单一句"重在参与世博"之言,而

北京老舍茶馆"福鼎白茶品茗会"

是如何让中国茶文化和中国茶通过联合国馆的显尊地位的"桥梁"作用，辐射其他的世界性组织，使中国茶更有张扬力和吸引力，以及如何通过联合国馆这一不可多得的平台向世界传播中国茶文化。毕竟中国茶文化的影响力还远远落后于"日本茶道"在世界范围内的影响。

抛开茶文化概念，就中国茶叶自身而言，曾有外国人说，中国高档茶叶很多，可世界上大多数人喝的茶，依然是英国"立顿"系列茶占据主导地位。按照中国人品茶之要求，以中国传统历史名茶讲究"色、香、味、形"四要素，立顿袋泡茶根本无从谈起，和中国茶相比，不在一条起跑线上，更不在一个档次上。此言不虚，许多外国人只知"饮"茶而不知"品"茶，而中国人已从"饮"走进"品"的时代，尤其是中国文人雅士对茶的"品味"和"品位"有着严格的要求。我们不得不承认，在国际茶叶市场上，"立顿"因"品牌"而有市场，而中国高端茶既无品牌也无市场，原因是中国茶有着太多的"地域保护"以及过度注重品茶的品味与品质。

中国茶叶国家队深谙此道。想要做大做强中国茶产业，仅靠一家之力无法完成走向国际市场的愿望，即便中国茶在过多的"地域保护"之下，也只有十个手指握成拳头才是中国茶走向世界的唯一出路。但我们难就难在传统与时尚的对决，既不可"颠覆"传统，也不可"忽略"时尚，中国茶"转型"伴随着阵痛。绿茶可先行一步，功夫茶呢？还是要以冲泡程序按部就班。问题的关键是，如何让外国人回归或重新认识、理解和注重中国人"品"茶的要义。也就是从简单的"饮"回到真正的"品"。这需要时间，更需要上海世博会这样的国际平台。

舒曼指出，世博会将赋予白茶文化和"太姥银针"极大的市场影响力。福鼎白茶离不开福鼎文化的支撑，正因为有了厚重的福鼎文化底蕴，才成就一杯"太姥银针"的香逸，一杯"太姥银针"的内蕴。每当我们在讲述白茶的历史，同样也在演绎着福鼎文化的历史。福鼎文化与白茶文化紧密相连，密不可分。福鼎白茶，要体现出一杯白茶讲述一段历史、一杯白茶张扬一种文化的伟大意义来。6个月世博会，短暂；7000万的人流，庞大，极具市场影响力，这对福鼎白茶来说却是一次千载难逢的发展契机，更是白茶文化和茶叶营销战略中浓墨重彩的一笔。福鼎白茶走进世博会联合国馆，可以帮助白茶打响平地惊雷的宣传攻势。如何利用福鼎白茶的知名度、信任度和美誉度，来创建福鼎白茶品牌忠诚度。就公关意义上来说，福鼎白茶可以借由联合国馆"UN"徽标的支持、合作进行推广；就生产意义上来说，通过与世博会联合国馆的对接，福鼎白茶对于海外市场需求有针对性地进行产品开发、生产与推广。

舒曼最后说，如果没有2010年上海世博会的因缘和契机，这种市场影响力即便福鼎市政府或茶企业花巨资也是无法做到的，这是一个不可忽略的事实。正如联合国副秘书长、上海世博会联合国馆总代表阿瓦尼·贝南对中国茶所给予的高度评价那样："希望中国茶成为联合国馆的一大亮点，希望这种结合方式成为历届世博会联合国馆的一个亮点，推动联合国'千年发展目标'的实现，促进人类和谐。"

（雨　田）

福鼎白茶荣获联合国专用茶证书

2010年12月27日上午，中国茶"后世博"展望暨中国世博十大名茶总结交流大会在北京人民大会堂举行，联合国原副秘书长冀朝铸为十大名茶所在地政府颁发"2010年上海世博会联合国馆专用茶证书"。福鼎白茶、西湖龙井在内的"中国世博十大名茶"代表参加此次盛会，共同聚焦中国茶"后世博"的全球影响力。福鼎市领导陈兴华、林元军参加盛会，"白茶仙子"夏橙荣获联合国副秘书长贝南颁发的嘉许奖，贝南在夏橙的嘉许状上说道："我们对您在2010年上海世博会期间对于联合国馆做出的特殊贡献给予肯定和赞赏。祝您在今后工作中一切顺利。"

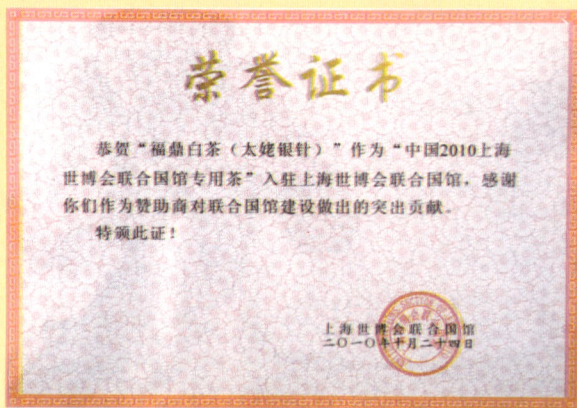

中国2010上海世博会联合国馆专用茶证书

中国茶"后世博"展望暨中国世博十大名茶总结交流大会旨在铭记世博难忘瞬间，见证中国茶在世博会184天的历史。"轻松、欢快、交流、成功"成为本次活动的基调。在一片喜庆声中，诞生了《中国世博十大名茶合作倡议书》，由上海世博会联合国馆颁发了"中国2010年上海世博会联合国馆专用茶"证书，同时还表彰了在联合国馆服务的48位"中国世博茶仙子"。值得一提的是，由联合国副秘书长阿瓦尼·贝南对"中国世博茶仙子"亲笔签署的"嘉许状"，这在世博史上尚属首次，成为"中国世博茶仙子"的莫大荣幸。

据悉，为做好2010年上海世博会联合国馆宣传中国茶文化服务接待工作，从去年6月始，中国世博十大名茶组委会着手在全国各地海选从事茶业专业的国家茶艺师。最终，经各地产茶区政府和社会社团组织推荐共有60名茶仙子入围，而直接进入世博会联合国馆服务和工作的"中国世博茶仙子"共48名，共分12组按月轮换工作。184天的辛劳，"中国世博茶仙子"们共接待了上百位国际政要和世界性组织的首脑以及名人，并为中国茶界留下了非常可贵的第一手资料，其成绩可圈可点，中国茶艺师为精彩世博、文明世博、和谐世博贡献出一份力量。为了表彰"中国世博茶仙子"在联合国馆出色的工作业绩，联合国副秘书长（助理秘书长）、上海世博会联合国馆总代表阿瓦尼·贝南（奥维尼·贝赫南姆）签发嘉许状，高度赞赏"中国世博茶仙子"的茶艺技能与多才多艺。

184天的上海世博会期间，位于世博会联合国馆的"中国世博十大名茶"接待了包括联合国秘书长潘基文在内的上百位国际组织首脑、政府领袖和知名人士。中外政府首脑们用他们的热情，给出了评判，为中国茶喝彩。尤其是带有"UN"标志和带有"一个地球，一个联合国，一杯中国茶"字样的茶礼，远渡重洋抵达纽约联合国总部。世博会给中国茶带来了一组新景象，象征着一个新台阶，也表明了一种新理念。中国茶通过世博会的展示扩大了影响力，中国茶界由此激发起面向未来的激情，了解国际市场的真实需求与潜在的需求，激活了中国茶在"后世博"的发展活力。

随着中国茶产业的不断发展，国际上对中国茶经济改革的关注者不断增加，此次亮相的"中国茶'后世博'展望市长论坛"对于中国茶经济品牌的解读，无疑成为茶市长们演讲最为关注的话题。更为重要的是，众多茶市长和茶文化学者以及茶企业负责人济济一堂，畅谈中国茶如何放大"后世博"效应，将为茶企业投资提供许多非常有用的资讯。茶市长们对中国茶事"指点江山"、激扬茶市，别有一番滋味。

本次活动由上海市茶叶学会主办，北京西城区政府，浙江杭州市政府，贵州都匀市政府，福建武夷山市政府、福鼎市政府、安溪县政府，安徽六安市政府、池州市政府，江苏溧阳市政府，湖南益阳市政府、湖南省茶业总公司，北京张一元茶叶有限公司，华侨茶业发展研究基金会，河北省茶文化学会等协办，由北京圣文灵智文化有限公司承办，由中国国际茶文化研究会、中国茶叶学会、中国茶叶流通协会、中华茶人联谊会、国际茶业科学文化研究会、中国禅茶学会（香港）为特别支持单位。

（雷顺号）

福鼎白茶荣获"2010年上海世博会联合国馆专用茶证书"

福鼎白茶迎来"后世博经济"时代

2010年12月27日下午，"中国茶'后世博'展望市长论坛"在北京举行。作为本次论坛的协办城市领导，福鼎市委副书记陈兴华发表了关于福鼎白茶的历史、优势和可持续发展的演讲，与众多领导、学者和茶企业负责人济济一堂，畅谈中国茶如何放大"后世博"效应。

和其他十大名茶一样，福鼎市委、市政府紧紧抓住上海世博会的机遇，借助各种宣传推介平台和各类宣传媒体，开展了多渠道、多层次、全方位的宣传推介活动，同时努力挖掘、发展和提升福鼎白茶产业的文化内涵，向文化寻求高附加值，集中力量打造"福鼎白茶"公共品牌，树立福鼎白茶的品牌形象，提升福鼎白茶的美誉度，经中国品牌中心评价，福鼎白茶区域品牌价值达22亿元。全市目前茶园总面积21万亩，年产茶叶1.66万吨，涉茶总产值15.6亿元，其中白茶产量4500吨，产值5.6亿元。

2010上海世博会作为一次世界性的科技文化"奥林匹克盛会"，这一世纪性的宣言汇集各国人民在世博会上的真知灼见，承载人们对全球未来合作与人类未来发展的深邃思考和广泛共识。本次世博会主题为"城市，让生活更美好"，"城市"、"生活"、"美好"三个关键词蕴含着人类对生活的无限梦想。于是，众多一线茶叶品牌抓住这一历史性机遇，组成以世博十大名茶的身份登上世博舞台，成为世博会的一道亮丽风景。

"福鼎白茶"作为中国世博十大名茶之一，代表中国白茶登上了这一世界平台，在上海世博会完美落幕之后，福鼎白茶如何做好后世博经济，发挥好福鼎白茶的后世博效应，为福鼎乃至全省茶产业发展起到积极的推动作用，意义十分重大。为此，福鼎市委、市政府将大力抓住"后世博"

经济的发展机遇，结合福鼎茶产业的特点，继续打响"福鼎白茶"公共特色品牌。在茶叶生产过程中，坚持永续农业的经营理念，实行质量可追溯制度，走绿色环保之路，增加对茶园的基础设施投入，改善茶园生产条件，全面实施"生态茶、放心茶、健康茶"工程的战略，把福鼎茶园建成生态茶园、景观茶园、休闲茶园、绿色茶园；在茶叶加工过程中，按照"政府扶持，龙头带动"的模式，选择一批实力雄厚，发展潜力大的茶叶加工企业作为龙头重点扶持，引导企业引进先进设备及加工工艺，大力推广先进制茶技术，提升产品的制优率。加大科技示范推广和茶农的培训力度，全面提高茶产业科技水平；在茶产品销售中，充分发挥"世博十大名茶"的品牌效应，大力展示福鼎白茶产品和茶文化，积极开拓新的营销渠道，进一步提升市场影响力。

"后世博经济"体现为世博会结束后，持续不断地对其品牌认知度和美誉度的强大拉动力，从而从长远上推动该品牌的发展。相关人士认为，上海世博会的后续影响将会保持10—15年，并对长三角产业的发展产生显著的导向作用，对相关行业的发展起到巨大拉动作用，当然茶叶也不例外。从更实际的层面来说，福鼎白茶通过世博会这个世界平台，向世界展示福鼎的

福鼎白茶入选中国2010上海世博十大名茶签约仪式

好山好水好茶，赢得了福鼎白茶在中国名茶中的强大地位。同时，这也将是上海世博会后，福鼎市政府加快茶叶产业发展战略的重要举措。

福鼎白茶这一举措充分向世界展示了福鼎白茶的文化、工艺技术，还让世界游客认识了福鼎白茶，了解了福鼎白茶。因此，茶业界人士不仅佩服福鼎市委、市政府的敏锐目光，更为其敏锐目光背后开放的市场观念而折服。"得先机者得天下"，这一中国古训将成为福鼎白茶茶产业做大做强的见证。

"凡事预则立，不预则废。"如果只是看热闹般了解世博会将给福鼎白茶茶产业带来的巨大拉动作用，而没有深入地思考如何利用这一机遇后续发展的话，商机将会最终消失。政府、茶叶企业的领导和管理者要尽快把后世博经济的概念纳入思考的范畴，用战略的眼光洞察上海世博会将为福鼎白茶茶叶产业带来的巨大商机，以便尽早行动，进而在未来的商战中赢得更大的主动权。

值得欣喜的是，福鼎白茶股份有限公司、天湖、品品香、天毫、古德等，已经开始为福鼎白茶的后世博经济跃跃欲试了，一切提升福鼎白茶新形象的工作正在有条不紊地展开。

要想迅速提升品牌影响力，一定要与时俱进，善于捕捉各种当下热点事件，不断创新，并不断借助热点事件制造话题宣传出去。福鼎白茶上海世博会充分向世界展示了福鼎白茶的文化、工艺技术，还让世界游客认识了福鼎白茶，了解了福鼎白茶。做品牌并不是只花钱，当品牌建设累积到一定阶段，就会有"溢出效应"，从而为企业带来源源不断的市场销路和现金流。

后世博经济给福鼎白茶带来的不仅仅是一些良性影响，更多的是一种营销方面的启示，促进福鼎茶叶产业快速、持续地发展。

（雷顺号）

一座千年古墓的白茶惊奇

　　白茶是中国六大茶类中的璀璨明珠，茶中特殊珍品。其历史悠久，以白茶命名，迄今已有九百年的历史。白茶的起源，从有文字记载来考证，其名称首见于宋子安《东溪试茶录》（1064年前后），但茶圣陆羽在《茶经》中已有白茶记载，当时指的是白茶树。福建贡茶使君蔡襄有诗云："北苑灵芽天下精，要须寒过入春生。故人偏爱云腴白，佳句遥传玉律清。"宋代茶人斗茶，把丰美雪白的芽茶，视为天下精品。当时白茶产量极少，仅供皇帝御用，极为珍贵，北苑茶农把白茶视为"茶瑞"，把这吉祥茶作为斗茶的绝品。

　　央视国际频道在2010年2月21日的报道中称，2009年，陕西省考古工作者在曾经创建了西安碑林博物馆的吕氏家族墓的发掘中，发现了距今一千多年的白茶。业内人士则认为，这种白茶有可能就是福鼎的"白毫银针"。

第六篇

西安古墓惊现千年极品白茶

在西安一古墓发掘出的一个铜质渣斗内，考古工作者竟然发现了来自福建的极品白茶！央视国际频道在2010年2月21日的报道中称，2009年，陕西省考古工作者在曾经创建了西安碑林博物馆的吕氏家族墓的发掘中，发现了距今一千多年的茶叶。

更让大家惊奇的是，这些千年以前的茶叶还是茶叶中少之又少的极品白茶。经考古工作者初步考证，这种白茶产自福建，业内人士则认为，这种白茶极品应该就是来自福鼎的"白毫银针"。

🫖 西安古墓惊现千年白茶

据报道，在2009年，在对吕氏家族墓的发掘中，其中一个铜质的渣斗引起了考古工作者的注意。虽然当时还不知道它的具体称呼，但渣斗上附

专家在研究古墓中的千年白茶

着的茶叶让大家感到非常新奇。打开以后，考古工作者惊讶地发现，它的器壁上附着有茶叶的痕迹，而且渣斗里头也有茶叶的痕迹，它的边缘上也还有残茶流淌的痕迹。经过对比后专家认为，这些茶叶是产自福建的珍贵白茶，在当时是少之又少的。

据称，考古工作者在发现一千多年前的白茶时，这种盛装茶叶的器皿也颠覆了人们对古代痰盂的认识。陕西省考古研究院研究员张蕴称：盛装茶叶的器皿以前被称为渣斗，又叫唾盂。但是从这次出土的情况看，它应该属于茶具的一部分。之所以说它是一个茶具，有一个很有力的证据，它出土的时候放置的状态很特别。

经过考古工作者考证，墓主吕氏家族的主人就是北宋鼎鼎有名的"蓝田四吕"及其家族成员。"蓝田四吕"即吕大钧、吕大忠、吕大防和吕大临。他们都是朝廷的重臣，其中吕大临更是北宋的文坛名士及金石学家，西安碑林博物馆最早就是他一手创建的。

极品白茶揭北宋贵族生活风尚

经过考证，考古工作者初步认为这些茶叶是产自福建的珍贵白茶，十分稀有。而它的发现则从一个侧面反映了北宋时期封建贵族的奢侈生活。

张蕴说，其实这个事情很凑巧，当时正在研究这件器物的时候，深圳考古研究所的所长正好到西安来看这批器物。而这位所长家是世代种茶的，也卖茶，所以他对茶叶非常熟悉。但是，他说他从来不喝自己家产的茶，而是喝从山上的一株宋代茶树采摘的茶。他拿出自己的茶叶和这个茶叶进行了比较，发现几乎是一模一样的。所以，他们初步认定这上面附着的是白茶，是产自福建的白茶。

张蕴称，他们又经过对照现在的白茶，发现形状非常相像，尤其是在它半干或泡开的时候，和这个发现的茶叶几乎是一模一样的。张蕴认为，吕大临家族是属于士大夫阶层，即贵族阶层，他们优雅生活的一个重要内容就是品茶或饮茶。因为饮用这种高级茶也是享受茶文化的一种方式，因此，他们肯定是很重视的，其档次也自然不低。因为那个时候福建产的白茶也是比较昂贵的，而从这两件精美的铜质茶具来看，就可以说明当时吕氏家族对喝茶是相当讲究的，也反映了当时上层社会的精致生活，同时也再次佐证了中国悠久的茶文化历史。

专家们认为，这些茶叶一般老百姓家庭是根本消费不起的。它的发现也从一个侧面反映了北宋时期封建贵族的奢侈生活。

西安古墓白茶佐证福鼎白茶考古

西安古墓发现白茶，不仅使中国茶文化悠久历史再一次得到印证，也有力佐证了近年来有关方面对福鼎白茶的考古发现。

唐陆羽《茶经》据"神农尝百草，日遇七十毒，得茶而解"得出"茶之为饮，发乎神农氏"的结论，告诉我们茶起源于远古。无独有偶，福鼎太姥山地区也流传着一个相类似的神话传说：尧时有一老母，居才山(今太姥山)种茶，见山下麻疹流行，便教人用茶治病救人，由此感动上苍，羽化成仙，后人尊其为"太姥娘娘"，并向她学习种茶。剥去传说的神话外壳，并从现实中寻找与传说相合拍的现实证据，不难印证传说的事实元素，从而获得传说所承载的太姥山先民在生产生活方面与茶相关联的真实信息。

张天福、陈椽教授等对福鼎白茶所作的研究和著述都确定，福鼎是白茶之王——白毫银针的发祥地。近年来，我省考古专家对店下马栏山和白琳的考古发现，太姥山一带早在新石器时期就有古人类活动，后人也考证出"太姥娘娘"其实就是神话了的母系氏族年代闽越地区部落联盟首领，或者说是当时古人类集群的代表性人物。1957年福建茶树良种普查时，就发现太姥山区有野生古茶树群落的存在，而且传说中太姥娘娘修炼并得道升天的地方便有绿雪芽古茶树。福鼎大白茶、大毫茶也是从太姥山中移植出去的，这些都说明太姥山先民们完全有机会在太姥山区发现茶。太姥山区民间自古就有将晒干的茶芽(即"针茶")收藏，用于治疗麻疹的偏方，进一步说明茶最初是作为药用的。

据悉，太姥山出白茶的最早记载是陆羽的《茶经》："永嘉县东三百里有白茶山。"茶界泰斗陈椽教授指出："永嘉东三百里是海，是南三百里之误。南三百里是福建的福鼎，系白茶原产地。"中国国际茶文化研究会学术部主任、中国农业科学院茶叶研究院研究员姚国坤教授也认为，福鼎白茶之祖至少有1200年的历史，如果再将它与古老而又多样的区域文化和民俗(如畲族)饮茶法，以及隐藏在深山谷地的饮茶风情，还有太姥山道教文化结合起来，福鼎就是当时人们探知仙山、名境(生态)和佳茗的共存之地。

考古工作者指出，福鼎白茶的这些历史记载、考古发现说明了在千年以前，白茶的发源地就在福鼎，这些发现也印证了西安古墓的福建白茶来自福鼎，可以初步认定是福鼎白茶极品"白毫银针"。

白茶现古墓振奋福鼎茶界

福鼎茶业良好的发展态势令福鼎茶界充满信心，而西安千年古墓中发现极有可能产自福鼎的"白毫银针"，更是令福鼎茶界无比振奋，他们都有充分的信心相信吕氏家族墓中发现的白茶就是福鼎"白毫银针"。

福鼎市茶业局副局长蔡良绥说，福鼎白茶在北宋时期就十分珍贵，每年产量仅几十斤，甚至只有几斤，当时就成为福宁府晋献朝廷的贡茶，只有吕氏家族这样的王绅贵族才能喝到。他表示，福鼎市有关部门准备委托中国社科院考古研究所和陕西省文物部门，对吕氏家族墓中的白茶作进一步研究论证，包括加强研究北宋时期福鼎白茶成为贡茶的历史。

福鼎白茶相继获得"中国驰名商标"、"白毫银针"入选中国世博十大名茶之后，而今又在具有千年历史的古墓中发现"白毫银针"，这不仅充分体现了福鼎白茶的古老历史，更是一次打响福鼎白茶品牌的难得机遇。据了解，福鼎今年将参加各种茶事活动来宣传推介福鼎白茶，重点围绕2010年上海世博十大名茶和中国国际茶文化研究会主办的"中国白茶国际研讨会"来展开。

"白茶在古墓中居然能保持千年，没有高超的制茶技艺是做不到的。"蔡良绥说，"其中一个重要条件，它的含水量必须在5%以下，这说明福鼎当时的制茶技艺已经很高了。"时至今日，福鼎茶人依旧没有放弃对高超制茶技艺的追求。

2010年2月3日，福建太姥白茶生态科技股份有限公司与浙江大学茶学系签下了"现代茶产业化工程建设高科技茶系列产品研究开发"项目合作协议，这标志着福鼎茶产业将进入高科技研发时代。

福鼎白茶发展的步伐还在继续。据悉，今年福鼎还将建立一个茶叶集中加工园区，集中做大规模企业，形成产业集群，福鼎茶业真正做成"大产业"指日可待。

相关链接：蓝田四吕

北宋时期，陕西蓝田县一吕姓人家，有兄弟四人皆聪慧好学，进士及第，故得"一门四进士"的美名。其中吕大忠、吕大钧、吕大临最早都师从张载，吕大防虽未随其学习，但对张载帮助甚大。可以说，关学的领袖和思想支柱是张载，关学的政治经济支柱是蓝田诸吕。蓝田四吕均在北宋朝廷担任要职，而且在文化、学术领域颇有贡献。

吕氏人家共兄弟五人，四人登科及第，其中吕大忠、吕大防、吕大钧和吕大临都在《宋史》中立有传记。

其中，四弟吕大临更是北宋的文坛名士及金石学家，西安碑林博物馆最早就是他一手创建的。吕大临(约公元1042—1090年)，字与叔，号芸阁。自幼就受环境的熏陶，非常热爱学习。

他在读书和治学上，曾有一些独到的见解，仍可作为我们今天的借

福鼎白茶参展在西安举办的第五届中国西部国际茶业文化博览会

鉴。他先后担任太学博士、秘书省正字，掌管典籍的校勘、刊印和发布。他一生致力于学术研究，精通《六经》，尤其精通《三礼》。南宋理学集大成者朱熹说，吕大临的学术成就高于当时与他并称的诸家，程颢称赞其学问是"深潜缜密"，可见吕大临学术造诣之深。

　　吕大临一生著述奇丰。现在我们能见到的有《礼记解》十六卷，《大学解》、《中庸解》各一卷。这些著作在宋明哲学史上有一定的地位。除此之外，吕大临还是最早对青铜器及其铭文进行了系统研究的学者，他的金石著作《考古图》(十卷)体例严谨，收录了当时秘阁、太常内藏等宫廷和民间38家收藏的青铜器、石器、玉器共238件，而且大都价值极高、造型精美，是青铜器中的精华。这本书和《考古图释文》已成为珍贵的文物资料，为我国现代考古学、古文字学奠定了基础。

　　　　　　　　　　　　　　　　　　　　　　（雷顺号）

白茶制作技艺入选国家级非物质文化遗产名录

　　2010年8月，文化部公布第三批国家级非物质文化遗产名录，福鼎白茶制作技艺名列其中。

　　据介绍，福鼎白茶制作技艺属于传统手工技艺（Ⅷ）项目，该市组织人员编写项目申报书，拍摄录像片，制作光盘和图片，并对项目进行解释说明，论证其价值，拟定项目的保护计划，经文化部门审核，省人民政府公布，提交文化厅评估、论证，于2008年8月由福鼎市人民政府公布列入第一批福鼎市非物质文化遗产名录项目。2008年11月由福鼎市人民政府请示宁德市人民政府申报第三批省级和国家级非物质文化遗产名录项目。2009年福鼎白茶制作技艺列入第三批福建省非物质文化遗产名录。福鼎市茶业协会是福鼎白茶制作技艺的项目保护单位，福鼎市文化体育局是福鼎白茶制作技艺的项目主管部门。福鼎白茶制作技艺列入第三批国家级非物质文化遗产名录，进一步提升了福鼎白茶的文化品质。

　　福鼎白茶制作技艺是创制福鼎白茶的中心工序，具有自然、科学、优质的特点，拥有高超的制作方法，独具科学艺术魅力。福鼎市位于福建省东北部，是海西

福鼎白茶阳光萎凋

福鼎白茶室内萎凋

战略发展的重要旅游工业城市。福鼎太姥山为地质公园、国家级风景名胜区，太姥山绿雪芽是福鼎白茶的母株，汲天地之精华，成一枝独秀，为茶中珍品。福鼎白茶制作技艺的传承与白茶史息息相关，历史久远。清嘉庆初年，以福鼎菜茶的壮芽为原料，制成银针。约在咸丰六年（1856年），培育茶树良种大白茶，光绪十二年（1886年）开始以大白茶芽制银针，称白毫银针，翻开白茶制造的新历史。在传承古老制茶法的基础上，福鼎白茶制作以萎凋和干燥两道工序为主，技术制作工序流程呈流水线形式进行。程序以自然萎凋和复式萎凋两种形式为主，自然萎凋程序为：鲜叶—自然萎凋—拣剔—烘焙；复式萎凋程序为：鲜叶—复式萎凋—拣剔—烘焙，体现了白茶制作的高超技术。现有福鼎白茶制作原料主要采用优质品种福鼎大白、福鼎大毫和菜茶，制品毫显、色白、伴有花香，汤色黄亮，滋味醇厚回甘。

福鼎白茶拥有优秀品质特征，得益于其传承久远的制作技艺，具有丰富的美学内涵和科学价值。白茶制作技艺在我国茶类制作技艺中占有重要而独特的地位，其价值和影响意义深远。

（雷顺号　冯文喜）

117

一位百岁茶人的健康秘诀

　　作为中国传统六大茶类之一——白茶的原产地，福鼎白茶具有地域唯一、工艺天然、功效独特等三大特征，并以其降火消炎、康体养颜等显著保健作用而久负盛名，是最原始、最自然、最健康的茶类珍品。

　　讲到福鼎白茶的健康功效，有一位老者不能不提。他就是百岁高龄的中国茶界泰斗，被《中国农业百科全书》列为10位现代茶叶专家中唯一的健在者——张天福。2010年9月，在福州三坊七巷"百名记者话白茶·2010福鼎白茶中秋品茗会"上，对于茶与长寿的关系，张老笑说："一天到晚喝茶的人就像我这样。每天三杯茶，第一杯就是福鼎白茶。"作为"万病之药"，张老直到现在每天起床之后都要喝一大杯茶，加上平日从全国各地来的茶友，不论是政府高官还是山间茶农，张老都用清茶迎客。常年下来，张老一天差不多要喝茶百盏，而且品种多样，但第一杯永远是"福鼎白茶"。

第七篇

"我喝白茶，我健康！"

饮茶为健康长寿秘籍。2010年5月22日，全国政协委员、全国供销合作总社杭州茶叶研究院名誉院长、国家茶叶质量监督检测中心主任骆少君在2010年上海国际茶业博览会高峰论坛上指出："白茶是我国茶叶大家族中墙内开花墙外香的名门望族，尤其福鼎白茶更是最古老的珍品，其健康与保健功效如野生山参。"在此之前，骆少君多次强调，"不仅美国，瑞典斯德哥尔摩医学研究中心的研究也表明，白茶杀菌和消除自由基作用很强。30年前我就极力推介白茶，今天更要大声呼吁。"

巧合的是，由上海世博园联合国馆、中国茶叶学会、"中国世博十大名茶组委会"主办的"世博茶寿星"评选活动中，全国共有茶界泰斗张天福、著名表演艺术家秦怡、世界笛王陆春龄等在内的30人当选，其中福鼎

茶界泰斗张天福谈白茶

就占2名。据介绍，"世博茶寿星"评选活动是从2009年底开始的，评选条件是"身体健康、能自己行走、饮食起居能够自理、90岁以上、喜欢喝茶的老茶人"。

九旬寿星一生酷爱喝白茶

赵朴初诗云："茶话又欣同，深感多情百岁翁，一席坐春秋。"中国历史上许多百岁老人，嗜茶如命，生活起居，不可一日无茶。

在世博园区联合国馆参观期间，福鼎"世博茶寿星"陈上奏、林匡翰老人告诉记者，喝白茶是他们享受健康、延年益寿的重要因素。今年，他们参加世博会举行的"城市生活健康茶寿星"活动，得到评委重视。据福鼎市茶业局负责人介绍，该活动入选条件十分严格：由"中国世博十大名茶"各所在地政府推荐总共30名90岁以上喜欢喝茶的老茶人组建"城市生活健康茶寿星"队伍，每个人都需身体健康，能自己行走，饮食起居能自理，茶龄30年以上。

"中国世博十大名茶"由上海世博会联合国馆、上海市茶叶学会和"中国世博十大名茶"招管会联合授予。按照世博联合国馆的"硬指标"和招管会的规定，安溪铁观音、西湖龙井、都匀毛尖、祁门红茶（润思）、六安瓜片（一笑堂）、湖南黑茶、武夷岩茶（大红袍）、茉莉花茶（张一元）、天目湖白茶、太姥银针入选。此次"中国世博十大名茶茶寿星"评选，不仅展示东方文化，还希望能让全世界了解到茶能抵御疾病和防控疾病，了解喝茶对提升人类生活健康指数有着重要意义。

中国许多长寿老人嗜茶如命。现代医学研究表明，喝茶有益健康，能抵御疾病和防控疾病。事实上，原福鼎县国有茶厂的老员工在过去的几十年里，没有人因癌症死亡，人们肯定，这跟他们每天喝茶有关。

获得"世博茶寿星"的荣誉，陈上奏、林匡翰希望人们能充分认识到生活之余品白茶的重要性，茶是人类生活的重要组成部分，喝茶有益于健康长寿。

92岁的林匡翰老人鹤发童颜，精神饱满，衣着整洁。他告诉记者，家里的四方桌上，总摆放着茶壶，泡有清香扑鼻的福鼎白茶。他身边常立着

"世博茶寿星"林匡翰挥毫写字

一根弯曲多结的茶木拐杖，晚辈们说，老人家只在登台阶时才使用拐杖，在屋内走动十分稳当，根本不用拄拐杖。林老一生酷爱喝茶，以茶养生。老人说，他听上辈人讲，饮白茶可去火、消炎、生津、祛病，便时常喝茶。茶在他生活中已不可缺少。老人家喜欢热闹，"一个人冷清，和孩子们讲点笑才有意思"。他最开心的事就是和后辈们在一起说说笑笑。而93岁的陈上奏年轻时候当过兵，到老时仍旧能自行针线穿孔。虽年届九旬，老寿星却还保持着热爱劳动的习惯，经常洗衣、煮饭。他头脑清醒，思维敏捷，记忆力强，开朗合群，生活乐观。他一生勤俭，性格平和，但十分坚强，从不怨天尤人，也不责骂子女，与街坊邻居之间关系融洽，如今还经常帮忙做些择菜、剥豆等力所能及的事。是在4月23—25日三天的"城市生活健康茶寿星"活动中，唯一一个不用志愿者陪护的"茶寿星"。

专家名人赞誉白茶"功效如野生山参"

"福鼎白茶被誉为'茶叶活化石'，有着独特、显著的增强免疫力、美容养颜、延年益寿等药用和保健功效，因此备受消费者喜爱。"这是业界人士的共识。福鼎人民在长期的实践中已认识到白茶的保健药理功能，在福鼎民间，至今还流传着太姥娘娘用白茶医治麻疹的传说。中医药理证明，白茶性清凉，消热降火，消暑解毒，具有治病之功效。

近年来，世界各国特别是欧美国家对白茶进行的深入研究发现，相比其他茶类，白茶的自由基含量最低，黄酮含量最高，氨基酸含量平均值高于其他五大茶类，具有降血压、降血脂、降血糖，抗氧化、抗辐射、抗肿瘤，人体免疫力细胞的干扰素分泌量增加5倍等作用。美国癌症研究基金会的研究资料也表明白茶是一种新的抗癌物质，能不断抑制、缩小肝癌肿块，提高人体免疫功能。美国佩斯大学的最新研究表明，白茶提取物对导致葡萄球菌感染、链球菌感染、肺炎等细菌生长具有预防作用。2007年英国权威杂志《最佳营养学》推荐，多喝白茶有益健康。2009年英国《每日电讯报》指出，古老的中国白茶能防治肥胖症。

著名作家何镇邦指出："我于襁褓之中即开始喝白茶，至今已有七十余年的茶龄，遍饮各种名茶，被戏称为京城第一茶客。品尝各种名茶，均给我留下难以忘却的回忆，但都比不上2009年5月中旬参加福建籍在京著名作家海西宁德采风团在太姥山上畅饮福鼎白茶留下的美好记忆。"

中国疾病预防控制中心食品与营养研究所研究员、中国食品毒理协会副秘书长韩驰的多年研究成果更加证实了白茶的健康功效。韩驰的研究成果指出，目前白茶比较确切的健康功效有预防癌症（包括肺癌、食道癌、肝癌、结肠癌等）、调节血脂、降低血糖、增强免疫力、防止吸烟损害等。喝白茶可对因吸烟造成损伤的DNA进行修复，且效果非常好，这是我们通过人体试验得出的结论，也算是全世界比较领先的结论。她认为，白茶还有保护脑神经、增强记忆、减少焦虑等功效。怕喝茶影响睡眠的人，可以喝点白茶，特别是产自福建福鼎一带的白茶。就目前的研究，这种茶对于调节免疫力和降血糖都有不错的功效。

（雷顺号）

为什么是福鼎白茶

——2008年中国白茶"自然·健康·和谐"高峰论坛侧记

"白茶，行"、"绿色，健康"、"白茶，中国健康产业未来的支点"、"独特饮品，潜力无限"……2008年6月22日，中国白茶"自然·健康·和谐"高峰论坛以别开生面的形式拉开帷幕，参加论坛的7位专家用高度浓缩的一句话说出对福鼎白茶、白茶产业的理解，进而对各自的一句话进行阐述。最后形成的《福鼎白茶共识》精准地概括和回答了专家们看好的"为什么是福鼎白茶"这个问题。

源于福鼎　文化丰厚

《福鼎白茶共识》：太姥娘娘用白茶医治麻疹的美丽传说流传了千年；唐代陆羽《茶经》记载："永嘉县东（南）三百里有白茶山"；清朝周亮工《闽小记》记载："太姥山有绿雪芽茶"；福鼎大白茶、福鼎大毫茶栽培历

中国白茶"自然·健康·和谐"高峰论坛现场

史悠久；张天福、陈椽教授等对福鼎白茶所作的研究和著述都确定，福鼎是白茶之王——白毫银针的发祥地。

中国国际茶文化研究会学术部主任、中国农业科学院茶叶研究院研究员姚国坤教授认为，福鼎白茶之祖至少有1200年历史，如果再将它与古老而又多样的区域文化和民俗（如畲族）饮茶法，以及隐藏在深山谷地的饮茶风情，还有太姥山道教文化结合起来，福鼎终将成为当今人们求新、探知的仙山、名境（生态）和佳茗共存之地。

姚教授指出，福鼎白茶的出名，至迟始于唐代。而道家用茶炼丹，祈求长生不老，称之为"仙茶"。佛茶提倡"茶禅一味"，提倡以茶养性，称之为"佛茶"。在历史上，福鼎白茶与太姥山紧密相关。传说当年在福鼎有一个名叫蓝姑的农村女子，受南极仙翁指点，用白茶为乡民治愈麻疹，并教会乡民种茶，后来羽化成仙。于是，后人尊蓝姑为太姥娘娘。相传如今太姥山一片瓦寺鸿雪洞顶上石壁狭缝中生长的福鼎大白茶母株，就是太姥娘娘亲手栽种的。这株母株，当为福鼎大白茶之祖。由神奇茶种福鼎大白茶加工而成的福鼎白茶，自然也就成为经仙翁指点，仙姑栽种，具有神奇药效的仙茶，是益寿茶。只因为这种茶是仙翁赐的仙茶，因此，与其他茶种相比，茶芽更具白眉银须，"白毫"一词也由此而生。另外，福鼎白茶还与儒、释相关，今后可在儒、释茶文化方面挖掘一些题材，更能增强福鼎白茶的文化性。

而仙茶，当然产在仙人出没之地，其地生态良好，也是生产有机茶的好地方。所以，福鼎白茶是神奇独特保健茶，是历史上的仙茶，也是当今的高山生态茶和有机茶。

因此，姚教授说，我们有理由向中外茶人宣告：福鼎白茶是历史上的仙茶，也是当今高山生态茶。福鼎是最优的白茶生产地。福鼎白茶，不但好看、好饮，而且能使人变得更加健康。

品质优异　康体养颜

《福鼎白茶共识》：福鼎生态环境宜茶，栽培加工技术先进，质量控制严格，形成个性鲜明的优异品质特征：白毫披露、如银似雪，汤色杏黄明亮，滋味清鲜甘醇，香气素雅芬芳。

白茶活性成分丰富。民间有用白茶来清热退烧、治疗麻疹的习惯，现代科学研究表明白茶具有增强免疫力、抗氧化、延缓衰老、抑菌消炎的显著功效，是人类康体养颜之珍品。

中华全国供销总社杭州茶叶研究院副院长俞其坤高级工程师指出，福鼎白茶有其古老的历史，自然的品质，保健的功效，是白茶中的珍品；白茶性寒，具有解毒、退热、降火，可治麻疹，其功效越来越被人们所认识。

浙江林学院茶文化学院院长俞益武教授说："茶是健康饮料，白茶又是最保健的茶。"

福建省农业科学院茶叶研究所原所长陈荣冰研究员的研究表明，在白茶加工过程中，从萎凋开始，在特定环境条件下使其缓慢氧化和随着鲜叶水分的逐渐散失进行酶促反应形成了香气清鲜、滋味醇爽、汤色杏黄或浅橙黄的独特的品质特征。他指出，白茶含有的对人体具有特殊功效的功能性成分，如咖啡碱、茶多酚、茶多糖、茶黄素、茶氨酸等，它们对人体的效应主要表现为：提神、利尿解毒、抗突变、抗肿瘤、预防龋齿、降血脂、抗炎症、抗过敏反应、减肥等。常喝白茶，有益健康。

福建农林大学中国白茶研究所所长袁弟顺博士在论坛上强调了白茶的护肝效果，他介绍，与对照样相比，120℃烘干的白茶能显著减轻CC14对肝脏细胞的病理损伤，且高剂量处理的保护效果好于中、低剂量处理，表明白茶具有护肝效果，同时表明白茶加工工艺对护肝效果影响较大。他的研究结果表明，30℃烘干的白茶也能显著减轻CC14对肝脏细胞的病理损伤，长时间萎凋是白茶护肝作用的关键加工工艺环节。

创新发展　前景广阔

《福鼎白茶共识》：创新白茶新工艺，研发白茶新产品，满足人们对健康生活的日益追求。

俞益武教授认为，白茶做强，两条途径。一种是直接途径。通过强大的营销力量，引导消费，创造消费群，就像可乐打开中国市场的那样方式，也像肯德基、麦当劳培养出忠实的消费群。另一种是采用间接的途径。考虑培养一个健康产业，让福鼎白茶成为健康产业的主体要素。福鼎市有发展休闲业态的健康产业的最佳匹配条件，即最保健的白茶和最独特的海上仙都太姥山。

俞教授进一步指出，福鼎具备了健康产业的要素，但就茶而茶，就旅游而旅游可能很难超越；关键是人，人的理念确立，然后，建立一个强有力的人才培训机制，没有一个理念一致的人才群体或集体意识，那么，强大产业的打造和城市形象的塑造只会停留在表象层面，传播也不会有力度。

中国农业科学院茶叶研究所副所长鲁成银研究员指出，具有深厚文化

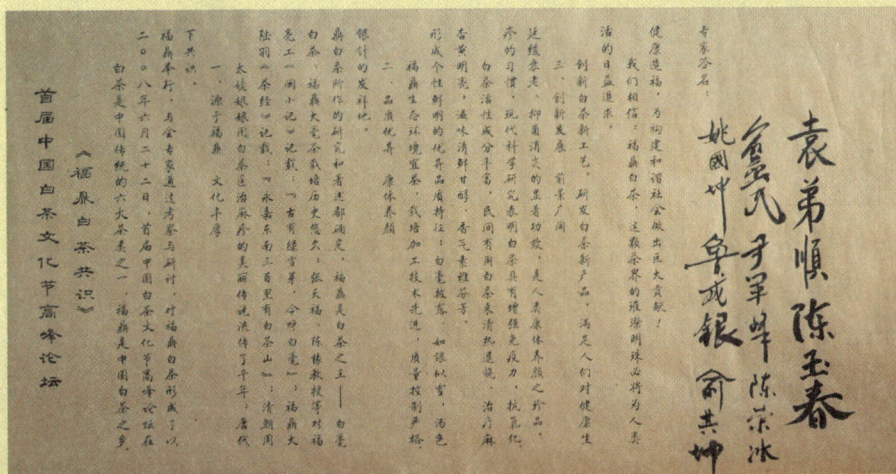

《福鼎白茶共识》

底蕴的中国人的传统的健康的茶饮料，正在成为21世纪的"时尚健康的世界饮品"。茶产业是极具特色的体现中国文化的古老民族产业，更是前景光明的朝阳产业。他阐述的国际市场"红转绿、特"趋势明显；中国特色茶产品国际市场竞争力不断增强；以及人们对茶叶的利用将由传统的"杯（壶）泡饮用"发展到"即饮型茶饮料"，当前正进一步拓展到"吃茶"（茶食品等）和"用茶"（如含茶牙膏、除菌消臭用品等）等领域的发展态势，对福鼎白茶创新新工艺，研发新产品提供了有益的思路。

农业部茶叶质量监督检测中心尹军峰副研究员从白茶加工与产品开发角度提出促进白茶资源高效利用和产业可持续发展的思路。他认为，应根据白茶的品质特点和目前的产业现状，通过市场消费特点、消费层次的系统调研与剖析，紧紧依靠科技，调整传统白茶产品结构，进行多产品综合开发，积极采用高新技术改造和优化传统工艺，开发新型高附加值系列产品，形成机械化、标准化和规模化加工，促进白茶资源的高效利用和产品升级换代，提高白茶产业的整体经济效益。

俞其坤高级工程师尤其强调了福鼎白茶的质量，他说，质量是茶叶品牌的根基，只有从根本上提高茶叶质量，才能打造茶叶品牌。他认为要从加强对白茶基地的保护和管理、实施原产地域保护、积极制定相关标准、加强质量的监管力度和提高白茶科技创新能力等方面保证福鼎白茶的质量。

专家们指出，近年来福鼎白茶产业发展喜人，品牌整合提升初见成效，茶叶市场体系建设日趋完善，茶的标准化生产正在积极开展，白茶出口换汇取得较好成绩，总之，福鼎白茶产业已在可持续发展道路上迈向新的发展之路。福鼎白茶，这颗茶界的璀璨明珠必将为人类健康造福，为构建和谐社会做出巨大贡献！

（白荣敏）

韩驰：白茶可缓解焦虑

　　从古至今，用茶来养生一直都没有被世人所忽视，那么，茶叶到底有哪些营养成分？是否真的能养生？怎么喝才能发挥它最大的养生效果呢？6月20日，福鼎市委、市政府举办了一场"我喜欢·我健康"2009福鼎白茶仲夏品茗会，中国疾病预防控制中心营养与食品安全所韩驰研究员接受了本报记者专访，就福鼎白茶的健康功能回答了记者的提问。

　　韩驰研究员从事茶叶营养与功效研究已有几十年，她告诉记者，目前白茶比较确切的健康功效有预防癌症(包括肺癌、食道癌、肝癌、结肠癌等)、调节血脂、降低血糖、增强免疫功能、防止吸烟损伤等。

　　"喝白茶可对因吸烟造成损伤的DNA进行修复，且效果非常好，这是我们通过人体实验得出的结论，也算是全世界比较领先的结论。"韩驰解释，"现在全世界关于茶叶尤其白茶的研究很多，但大部分都是动物实验，并且是用茶叶提取物来做的。而我们是利用茶叶泡过的茶汤进行的人体实验，证明人们只要在日常生活中坚持正确饮茶，就可以获得这样的益处。"

　　韩驰告诉记者，茶叶中的有效营养成分多种多样，比如大家熟悉的茶多酚，还有茶氨酸、维生素、咖啡碱等。"按制作原理，中国茶叶分为六大类，即绿茶、红茶、黄茶、白茶、青茶、黑茶。后来又有一些再加工的茶，如花茶等，在六大茶叶中，白茶的养生效果最大。"

　　韩驰说，白茶的主要功效有保护脑神经、增强记忆、减少焦虑等。此外，白茶中的茶氨酸可以中和一部分咖啡碱的作用，"怕喝茶影响睡眠的人，可以喝点白茶。特别是产自福建福鼎一带的白茶……这种茶产量较少，口味较一般绿茶要重，就目前的研究，这种茶对于调节免疫力和降血糖都有不错的功效"。

（雷顺号）

白茶的健康新概念

白茶的得名，是由于其成品茶的外观呈白色。作为六大茶类之一，白茶为我省的特产，主要产区在福鼎、政和、松溪、建阳等地。

白茶的名字最早出现在唐朝陆羽的《茶经》中，其中记载："永嘉县东三百里有白茶山。"陈橼教授在《茶叶通史》中指出："永嘉东三百里是海，是南三百里之误。南三百里是福建福鼎，系白茶原产地。"白茶的基本工艺包括萎凋、烘焙（或阴干）、拣剔、复火等工序。萎凋是形成白茶品质的关键工序。

中医药理证明，白茶性清凉，具有退热降火之功效，海外侨胞往往将银针茶视为不可多得的珍品。白茶的主要品种有银针、白牡丹、贡眉、寿眉等。尤其是白毫银针，全是披满白色茸毛的芽尖，形状挺直如针，

白毫银针冲泡

在众多的茶叶中，它是外形最优美者之一，令人喜爱。汤色浅黄、鲜醇爽口，饮后令人回味无穷。

中秋月饼搭配白茶，两者形如最佳拍档。营养师张先生表示，从中医营养学角度来说，月饼多为"重油重糖"之品，制作程序多有煎炸烘烤，容易产生"热气"，或者胃肠积滞，因此，油润甘香的月饼并非多多益善。这时候，白茶的作用便显现出来了。

从营养学上讲，白茶属轻发酵，性质平和可清热，尤其适合现在这个中秋虽到、暑气未退的气候。在吃完月饼后，一杯白茶入口，便会有喉咙舒润、清热消烦之感。因为白茶采摘不仅需要精挑细选、挑摘多白茸毛的细嫩芽叶，而且加工过程还要求手法技巧的不温不火、刚柔相济，方可做出外表完整保留着白茸毛的上等白茶。茶性清凉更是不输于绿茶，啜上一口，唇齿间就会有一种鲜醇清爽的感觉。融于身体，则可生津去热降火。试想一下，在吃完油腻的月饼后，喝上一口白茶，那是多么的甘冽清新。

冲泡白茶的过程更是一种美的享受，中秋期间，亲朋好友聚会，邀朋唤友一起喝茶已颇为盛行，此时泡上一杯白茶中的精品"白牡丹"或"白毫银针"，更显高雅。白牡丹因其绿叶夹银白色毫心，形似花朵，冲泡后绿叶托着嫩芽，宛如蓓蕾初放，故得美名。"白牡丹"是采自大白茶树或水仙种的短小芽叶新梢的一芽一两叶制成的，是白茶中的上乘佳品。

在这样一个欢聚的瞬间，白茶似乎已经成为主角，而中秋月饼倒成了作为茶点的配角。能产生这样的反差，或许也是茶叶的魅力所在吧。

中秋节送月饼是中华民族的传统，随着人们对食物健康要求的不断增强，一些传统意义上的月饼已经逐渐被人们认为不够健康。

而这时候，送月饼的同时配上一盒茶叶，成为一些现代人的送礼方式，既送出了浓浓的节日祝福，又兼顾了传统和健康。而其中，月饼搭配白茶的组合人气很高。

（高　敏）

寿眉何以在广州茶楼成为当家茶?

　　下榻广东迎宾馆。第二天早上到服务总台,问附近是否有好一点的茶楼,小姐笑了笑说:"迎宾馆几个餐厅都开早茶。"

　　走进二楼一个餐厅,是一个用于大型宴会的所在,已经坐了七成茶客,一切服务与市面上其他茶楼无异,价格也便宜。服务员问我开什么茶,我问有什么茶,她一一报来,当念到寿眉时,我不禁心里一动。虽然广州人饮早茶,茶食喧宾夺主,但饮茶毕竟要有茶,有人搞了个开茶"排行榜",居前四位的"四大天王"是普洱、乌龙/铁观音、滇红和寿眉。

　　寿眉是白茶呀,从来没有品尝过,于是点了一位。服务员送上一壶寿

福鼎白茶广州万人品茗活动

眉，已经泡了开水，看不到茶叶的原色，茶汤介于橙黄和深黄之间，虽无香鲜纯，但一边吃着清蒸排骨和罗汉斋粉，一边喝着寿眉，也觉得味道醇爽。欧阳山名著《三家巷》里写陈文雄请周榕到"玉醪春"喝早茶，泡了两盅茶，一盅是精制的蟹爪水仙茶，一盅是上好的白毛寿眉茶。

白茶原产福建，分白毫银针、白牡丹、贡眉和寿眉。白毫银针在白茶中最为名贵，依次是白牡丹、贡眉，排在最后的是寿眉。寿眉何以在广州茶楼成为当家茶？一是价格便宜。白毫银针全部采用肥壮的茶芽为原料制作而成，色白如银、挺直如针，外形最优美，银子自然少不了。白牡丹是采摘一芽二叶为原料而制成，芽叶连枝，叶片宛如枯萎的牡丹花瓣，形似牡丹，也是富贵种。贡眉以一芽二叶、三叶为原料，一个"贡"字便与众不同。寿眉则是抽去芽心制银针后剩下的单片叶制作而成。上茶楼饮茶，本来就是极平民的事，很符合寿眉的身份。二是广州人"八卦"，讲究清热气。白茶不发酵或轻微发酵茶，能清热气，夏天饮用更有消暑解毒作用，寿眉更能清肺火、止咳化痰、提神。而且寿眉不及绿茶般"寒凉"，胃寒之人不敢喝绿茶，却可以喝寿眉。广州人讲"补"，认为没病的人饮较补的寿眉也"有益"。三是受港澳影响。寿眉在港澳很受欢迎，2000年澳门出了一套关于茶的邮票，共四枚，就有一枚是寿眉。省港澳原本一家，近五十年，广州茶楼流行的趋势和港澳没有太大的差别。寿眉不抢口，她的平淡与茶楼神定气闲的氛围很相配。

寿眉形状酷似老人眉而得此名，有人将男人与茶相比，说过了70岁的男人要像寿眉，集众茶的甘香于一体，经历了性情爱欲而观止，倒也十分贴切。

（侯凯东）

白茶枕"枕"出健康

茶饮料是指以茶叶的萃取液、茶粉、浓缩液为主要原料加工而成的饮料，具有茶叶的独特风味，含有天然茶多酚、咖啡碱等茶叶有效成分，兼有营养、保健功效，是清凉解渴的多功能饮料。

前几年，因白茶稀有珍贵，生产出的白茶枕一直被国家外贸所控制，仅供出口创外汇。福鼎白茶枕解决失眠的方法得到国外认可，而国内，知道的却比较少。

在我国福建省的福鼎太姥山一带，当地老百姓个个面红而滋润、心明眼亮、发黑齿健，更令人惊讶的是，这处的老百姓个个长命，百岁老人为数不少。

一品清廉

据城市居民李先生讲："我患病睡不着七八年了，夜间颠来倒去失眠，只能靠催眠药，大天白日头昏脑胀、神魂不振作，自打枕上这特供'银针茶枕'，每晚都能轻松睡着，再也不会睡不着了，血压也平安稳当了。"

这种现象竟和当地百姓生活习俗有着直接关系。在每年清明节前后，当地百姓都要上山采摘白茶，把采摘来的白茶，放在阴凉处阴干7至15天后装入枕中，每晚拥枕而眠，轻松入睡，第二天醒来倍感神清气爽，从没有失眠、睡不好觉的时候，而且身强体壮，从不生病。偶有贵宾亲友到此，百姓们便拿此物当做上品相赠。

对此《黄帝内经》也早有记载：闽东出白茶，畅气血，通经脉，入枕助人眠，三日显奇效。伴随着更多国人到此探访，喝白茶不生病，枕白茶不失眠也就流传开来。因白茶枕有着确切的助眠作用及保健功效，国家相关部门特将其命名为"华茶一号"白茶枕，并面向全国各省市开始限量供应，天津市首批特供500个。

福鼎太姥山区是我国白茶的主产地，也是"中国白茶之乡"，这里群山环抱，云锁雾绕，土壤肥沃，在这种特殊的地域环境下，孕育了独步天下的白茶及其独特的药理作用和保健功效。白茶性清凉，有消热降火、降血脂血压、增强免疫之功效，同时具有镇静安神、调理睡眠、养护心脑等作用。

（海洋　雨田）

一代新型茶农的致富之路

　　市场经济的确立让传统的福鼎农民坐不住了，他们开始意识到市场的力量，他们学会了管理，蜕变成了懂技术、懂经营的新型农民。如今，福鼎乡村到处是一座座茶山，白茶成了福鼎农民的摇钱树。

　　这些年来，福鼎市运用现代管理理念，强化人才队伍支撑，通过建立健全营销体系，推动产业建设，进一步提高茶农组织化程度积极发展茶叶专业大户、农民专业合作组织、龙头企业和集体经济组织等，促进"龙头企业+专业合作社+茶农"生产经营一体化发展，实现多种终端渠道并存的营销体系，有效提高辐射带动能力，培养和涌现出一大批有文化、懂技术、会经营的新型茶农，成为社会主义新农村的致富带头人。

第八篇

林健：闽东茶业探路者

改革开放以来，宁德建起了全国最大的绿茶生产基地和茶叶良种培育基地，同时造就了一支能征善战的茶产业经营大军。

福建品品香茶业有限公司董事长林健，便是这支大军中的探路者之一。从一个贫苦茶农的孩子，到福建省龙头茶业企业的老板，林健的成长经历也是众多福鼎茶商的一个缩影。

1968年林健出生时，他的家乡福鼎白琳还是个穷地方。因为当地的气候土壤特别适合白茶生长，分田到户后，当地大部分农民就靠种植茶叶为生。

"小时候家里穷，放学后，我就到茶山采茶叶。当时，上学学费、生活费用都是靠采茶叶赚来的。"林健说，他的祖宗三代都是茶农，所以他是个地地道道茶农的孩子。

高考落榜后，林健回到白琳翠郊村，在一所小学当起了教师。一个偶然的机会，他发现，学校的后山有一片隶属学校的茶园，征得校长同意后，林健将茶园承包下来。随后的一年里，林健将大部分精力放在茶园上，他把采摘的茶叶卖给集体茶厂，将大部分利润留给学校。

但是即便如此，一个月下来，林健仍能为自己赚到几十元的收入，而当时教师的月工资仅36元。

初尝甜头的林健开始有了自己的理想。1992年，24岁的林健毅然辞去了教师之职，悄然办起了茶叶初制厂。

"最初生意做得很简单，将农民种植的茶叶收购来，进行初加工，再卖给集体茶厂，从中赚取差价。"可正当林健生意做得得心应手时，却赶上了计划经济向市场经济转轨时期，集体茶厂纷纷倒闭，与林健长期合作的集体茶厂因欠下几百万元的债务也濒临倒闭，其中还包括林健的5万元货款泡汤了。

"看着5万元货款没了，生意的门路断了，该怎么办呢？"经过几天几夜的苦思冥想，林健终于为自己找到了出路。

"当时我想，把茶叶卖给集体茶厂，集体茶厂又把茶叶转卖到东北、华北，为什么我自己不直接到华北、东北去呢？"

怀揣着这一想法，不久后，林健就带着400公斤茶叶赶到福州加工成茉莉花茶，然后只身踏上北上之路。

万事开头难。"初到京城，东西南北都分不清，而且当时的北京市场，已有不少茶商捷足先登，人家看你初来乍到，根本就不理会你，几百斤茶叶一斤也没有推销出去。"眼看着日子一天天过去，林健急得如热锅上的蚂蚁。怎么办？怎么办？他急中生智突然想起了毛主席说过的"农村包围城市"这句话。

"北京的茶叶公司以前都是河北、山西农村前来搞批发的车辆，我有的是力气，何不直接到那些地方去！"一闪而过的点

品品香公司全貌

子竟成了林健人生的转折点。

在接下来的日子里，沧州、承德、保定，城里、郊区，到处都留下了林健奔忙的足迹和叫卖的声音。不到一个月的时间，400公斤茶叶卖完了，不仅给林健带来1万多元的利润，还积累了客户，占领了销售渠道。手中有了资本，林健开始从其他茶农那里收购茶叶，做起了代销生意。

凭着货真价实、诚信经营，林健收获不少。渐渐地，他在天津、北京都有了一些固定的大客户。1997年，马连道京马茶叶批发市场开张，林健成了其中的第一批茶商。有了前几年跑业务打下的客户基础，品品香的批发部一开张，生意甚是红火，这为林健积累了日后创业的资本。

此后的几年间，京闽、新京马等几大茶叶市场相继开业，包括福鼎籍茶商在内的全国各地茶商纷纷进驻马连道，竞争日趋激烈。但不管市场如何变化，林健一直坚持"以质取胜"的原则。

为了保证茶叶质量，就必须有自己的茶叶基地。在当地政府的支持下，林健摸索出"公司+基地+农户"的形式并在福鼎建立了自己的基地。这一成功的模式，已广泛被茶业企业运用和推广。

2001年，林健拥有4个基地1000多亩茶园，这些茶园全部施有机肥，采用人工锄草，不使用任何化肥、农药。为了继续保持优势，林健还在广西横县建立了200多亩的有机茉莉花基地。2008年2月，"品品香"牌福鼎白茶取得"中国名牌农产品"称号，是我省获得第二个国家级茶叶品牌的殊荣。

近年来，马连道茶叶市场出现疲软状况，而品品香的产量和销售额却在逐年增长。10年时间，林健的企业飞速发展，成为一家集茶叶种植、加工、销售、科研及出口为一体的省级农业产业化重点龙头企业，并一跃成为全国茶业行业百强企业，这让他对企业前景更加充满信心。

（雷顺号）

林型彪：茶农致富引路人

林型彪出生在福鼎市磻溪镇湖林村。1990年春天，高中毕业已经3年的林型彪，只身来到30公里外的福鼎县城里闯荡。在一次闲聊中，他听到"我们这里几毛钱卖不出去的茶叶，在广州却卖得很俏"，便跑到老家贩些茶叶到广州城里摆地摊卖，从此与福鼎白茶结下了不解之缘。

1990年4月，春光明媚，茶叶飘香。林型彪怀揣一个创业致富的梦想，告别贫穷偏僻的家乡，一路向南，投入茫茫商海之中。他说，从小对茶有一种特殊的挚爱，这次出外闯关，正是带着茶区乡亲的嘱托，为磻溪近万名茶农寻找茶叶出路。他知道，这漫山遍野几万亩绿油油的茶叶，是他们脱贫致富的希望所在。

"这次出来，一定要为茶叶寻找一条销路，为乡亲踏出一条致富的门路。"林型彪暗下决心。为了这条门路，他在广州、广西和云南、贵州等地整整闯荡了五年。这五年间，他在南方建成了自己的营销网络，为家乡茶农销售了近万吨茶叶，成了一方百姓脱贫致富的引路人。

1996年，林型彪从经销茶叶

广福茶厂车间

中赚得第一桶金后，毅然决定回老家磻溪湖林创办自己的茶叶企业。他投资150多万元收购了原福鼎茶业公司建在他家乡湖林的已经停产近10年的福鼎第二茶厂，并对该厂已经荒芜多年的600多亩茶园重新垦复改造。从那时开始他把自己分成两半，每年春夏之间不停地在自己创建的3000多亩茶园和8家茶叶生产企业中奔走，指导茶农生产，管理生产企业的产品质量；一到秋冬时节他又忙于在国内国外飞来飞去，不断在国内开设分公司和连锁经营店，与国内外客商洽谈业务，经销茶叶。到2008年底，他已在国内的广东、上海、北京、云南、新疆、湖南、广西、贵州等省市的50多个大中城市开设了8家分公司和70多家连锁经营店；在福建、广西、浙江等3省10县30多个乡镇建设8个茶叶加工企业，帮扶2万多户茶农建设3.6万多亩优质茶叶生产基地，形成了产供销一条龙、科工贸一体化的现代企业经营格局。为拉动福鼎白茶的产业链条，带动更多茶农致富，林型彪聘请茶业专家免费举办茶叶种植、采制技术培训班，并赠送茶农制茶设备、茶具和茶叶技术书刊，对茶农实行"四统一"服务：统一规划、统一供种、统一指导、统一收购，使茶农靠科学种茶走上致富路。

一分耕耘，几多收获。2006年，林型彪创办的福鼎市广福茶业有限公司被宁德市评为市级农业产业化龙头企业，2008年企业进入国家茶叶行业百强，并被评为福建省省级重点龙头企业和福建省名牌产品。2008年，他的企业茶叶产量达到1900吨，出口1100吨，实现销售收入8500万元，上缴国家税收130多万元，带动20860户农民发展有机茶和名优茶，每年直接为农民增加收入1100万元，户均500元，直接转移农村富余劳动力200多人，帮助扶持四县（市、区）20多个乡镇2万多农户从事茶业生产销售。福鼎白茶由过去不值钱的农产品成为茶农心中的"摇钱树"，他也被茶区农民称为"茶农的财神爷"。

"丈夫贵兼济，岂独善一身。"从提篮小卖到今天的规模经营，林型彪摒弃了小农意识，实现了从茶贩到茶商的飞跃。林型彪经常动情地说："我最大的心愿，就是让福鼎白茶这个产业发展起来，让更多的茶农尽快富裕起来！"这是林型彪骨子里对农民的真情实感，也是林型彪致富思源、回报社会的不懈追求。

他的故乡福鼎磻溪镇素有"福鼎西伯利亚"之称，这里山高路险，地广人稀，交通不便，信息闭塞，是福鼎市经济欠发达的乡镇之一。但这里山清水秀，植被茂盛，是福鼎白茶的主产区，也是建设有机茶园的理想基地。从1996年开始，他采取收购和扶持相结合的办法，在家乡湖林及附近乡村建设3000多亩的优质茶叶直控基地，辐射带动周边近万亩茶园。每年扶持茶农发展生产的资金和肥料等400多万元，他成了周边茶农的"信用社"。通过几年的扶持带动，广福茶厂所在的湖林村成了周围各村的"首富村"，2008年，全村农民人均纯收入达5124元，远远超过全市农民人均纯收入131元，群众从此迈上小康大道，大家从心里感激林型彪和他的广福茶厂。

为茶农增收是回报社会，为群众解难同样是回报社会。林型彪说："商人更要懂得以人为本的经营理念，以情待人、以情感人、以情动人。"几年来，他先后捐资200多万元，回馈社会。从2002年开始他每年资助6名贫困大学生圆大学梦；兼任母校福鼎十中名誉校长，每年捐资5万元，设立奖学金，奖励成绩优异的学生；为湖林村的新农村示范村建设捐建通村公路、村委办公楼、九年制学校、农民公园等公益性建设项目。

凭着对复兴福鼎茶产业的突出贡献，林型彪获得广泛的赞誉。2002年，他被福鼎市委、市政府评为"福鼎市十佳青年企业带头人"；2002年以来，他先后当选福鼎市政协委员、香港世界茶叶交流协会副会长、福鼎市广州商会副会长、宁德市青联常委、宁德市广州商会副会长；2007年他又当选为宁德市政协第二届委员会委员。荣誉面前，他不自满，他说："我的目标是把福鼎白茶销到全世界，让我的乡亲从茶叶中受益，在茶业上致富，生活得更美好！"

（雷顺号）

周庆贺：诚信为本闯花城

在这盛产中国十大名茶之一——福鼎白茶的希望田野上，一位青年农民从走街串巷卖茶起步，到办公司、建基地、创品牌、拓市场，悄然担起了"福鼎白茶复兴者"的重任。经过20年奋斗，公司建立起3万多亩无公害生态茶园基地，吸纳5000多名茶农就业，带动2万多名茶农脱贫致富，不仅带动了福鼎白茶产业大发展，而且为山区农民脱贫致富奔小康创造了无限生机，被乡亲们亲切地称为"茶乡致富带头人"。他就是福建誉达茶业有限公司董事长周庆贺。

誉达公司

从初涉茶叶，到在广州崭露头角，到返乡成功创业，周庆贺一直这般风风火火地奔忙着。即便已是身价逾千万的成功茶商，他依旧素朴如初，与普通员工吃在食堂，遇着茶叶装卸发货，照样会挽起袖子搬箱扛货，闽东茶人那股朴实和勤奋的干劲尽显无遗。

初出茅庐，他用15公斤白茶叩开广东市场

现年43岁的周庆贺，福鼎市磻溪镇黄岗村人。和许多在外闯荡的成功茶商一样，他也是从一个勤奋的小茶贩渐渐起步。

黄岗村因盛产福鼎白茶而闻名，1958年全国茶叶现场会曾在此召开。出身贫困农家的周庆贺，从小就和茶叶打起了交道。他深知，茶叶要发展，必须要拓宽销售渠道。1986年，在听说深圳等沿海城市茶叶好销的消息后，周庆贺扛起村里收来的30余斤"白毫银针"，到工商局开了张异地销售的介绍信后，便信心满满地踏上了征途。

陌生的城市里，周庆贺走街串巷，挨家挨户寻访茶庄、茶店推销。然而几天后，他发现这里的茶叶市场并非那么繁荣，销量也不大。正当他茫然于何去何从时，一家餐馆的广州籍厨师向他聊起了"广州人懂茶"，并建议他去那里试试。拎着余下的十多斤茶叶，周庆贺转战广州。

那个年代的广州，正值改革开放初期，茶叶行业还没有形成专门的市场，国营居多的茶叶公司在购进茶叶时还要求开具发票。单兵作战的周庆贺何来发票？屡屡碰壁后，他便寻着私人的茶庄、茶店，挨家挨户地推销。短短几天，十多斤"白毫银针"卖了个精光。加上在深圳卖出的，首次"淘金"就挣了一千多元，周庆贺喜出望外。满载归来，收购了100多斤白茶再赴广州。

"住的招待所没有电梯，房间在四楼，上百斤的茶叶全靠自己扛上扛下。骑的是自行车，广州的大街小巷跑了个遍，风雨无阻。"当年的艰辛岁月，周庆贺至今记忆犹新。正是这股吃苦耐劳、不言放弃的干劲，让周庆贺渐渐闯开了门路，销量也不断扩大，福鼎茶赢得了越来越多广州人的青睐，"白毫银针"茶叶沁入人心，他们还称它是"寿眉茶"、无污染的绿色茶。

"现在在珠江三角洲一带销售家乡茶叶的福鼎人有上千人。"周庆贺自豪地说，他算是福鼎茶叶打开广州市场的茶商之一了。

鏖战商海，他以诚为本鼎立广州茶叶市场

1992年，是周庆贺在广州创业的一个重要转折点。靠着六年推销茶叶的积蓄，他在广州芳村租下了一套店面，开设茶行，从"游击队"变成了"正规军"。

茶行取名"誉达"，周庆贺说寓意深远。当年的交通还不发达，家乡收购来的茶叶要先运到福州，再转运至广州，由于修路堵车等种种原因，时常出现延误交货时间的尴尬。与白茶结缘的中国茶文化促进会副会长邬梦兆对周庆贺语重心长：做人、做生意要有信誉，有了信誉才会兴旺发达。此言周庆贺一直铭记在心，并用"誉达"作为茶行名号，时时提醒自己。

位于旱桥下的誉达茶行，面积不到30平方米，前头卖茶，后头则隔出一小块吃住，他和妻儿三人挤成一团。桥上往来车流，声声入耳。尽管条件艰苦，但毕竟在广州有了立足之地。夫妻俩起早贪黑、诚信经营，生意红红火火。

1994年，芳村茶叶市场二期开发，周庆贺租下一家两层的大店面，茶叶生意跃上规模。全国各地的茶商也渐渐在此聚集，芳村茶叶街发展成为广州南方茶叶市场，周庆贺成了这一市场改革开放发展的参与者、见证者。

1996年，周庆贺的事业又一次飞跃。广州市誉达茶叶有限公司成立，并签下了开业以来的第一笔白茶销售大单，金额60多万元，夫妻俩乐上心头，茶叶生意越做越大。

诚信、勤奋，周庆贺赢得了客户的认可、市场的回报。如今的誉达企业不仅跻身广州南方茶叶市场"十强"之列，还先后在昆明、兰州、济南、长沙等十多个城市设立分公司和销售点，年销售额由几十万元增长至去年的八千多万元，产品覆盖国内三分之二省份，还出口欧美、东南亚等国家和港澳台地区，福鼎茶香飘五洲四海。

事业有成，他用赤子深情尽展企业家胸怀

从身背30斤茶叶闯天下，到鼎立广州茶市，周庆贺可谓事业有成、名声在外。但在家乡福鼎，多年以来一直无人知晓。

2000年全国流通协会年会在珠海召开，福鼎市领导应邀赴会。协会向他们引荐了当时已是中国流通协会常务理事的周庆贺。"现在政策好了，家乡人欢迎你回来投资创办茶叶基地！"家乡领导的一片真诚，点燃了周庆贺回乡创业的激情。下半年，周庆贺便回到黄岗村创建有机茶基地，带动茶农增收致富。翌年福鼎市誉达茶厂注册成立，2003年在福鼎星火工业园区征地15亩，建起现代厂房车间，福鼎市誉达茶业有限公司孕育而生。随着企业规模的逐步扩大，2005年周庆贺增加注册资金达520万元，当年的小企业更名为福建誉达茶业有限公司。

近年来，国内茶饮料市场一直以红茶、绿茶为主导，至今未见白茶饮料产品。从2008年开始，誉达茶业公司与福建轻工研究所共同合作，研制成功福鼎白茶饮料，并通过省科技厅科技成果鉴定，这项技术填补了国内茶饮料的空白。白茶饮料的研制成功，在茶资源综合开发利用上取得了新突破，有效提高了白茶原料利用率和附加值，属于国内首创并具有国内先进水平。

以"质量创品牌，诚信求发展"为理念，誉达企业一步一个脚印、一年一个台阶：连续四年被福鼎市政府评为优秀企业，连续两年被中国茶叶流通协会评为"中国茶叶行业百强企业"，并成为闽东唯一一家获得"中国茶叶AA企业信用等级"的茶企。2008年，誉达白茶荣获省名牌产品称号。

2009年11月，福鼎白茶荣膺"中国世博十大名茶"，根据组委会的要求，福鼎白茶作为特色的茶叶公共品牌入驻上海世博园联合国馆，须由企业承担展览与推广、营销任务。而此时的福鼎茶叶企业"存在小、散、乱的问题，导致产品质量没有统一标准，质量参差不齐"。为此，在福鼎市委、市政府的大力支持下，周庆贺主动承担起组建福鼎白茶股份有限公

司的重任，对福鼎茶企的资源进行重新优化配置，避免无序竞争，减少内耗，共同做大做强福鼎茶业。

致富思源，周庆贺没有忘记家乡的一方水土。不仅通过带动磻溪、白琳等乡镇茶农8750户，年户均增加收入3725元，在公益事业上，他同样乐善好施。几年来，企业为当地农村修桥铺路、学校建设、寒门学子就学等各项公益事业捐款达上百万元。每年春节前，他还会和妻子专程去慰问50位困难户。即便在"桑美"台风肆虐，位于磻溪的茶厂被夷为平地、星火工业园区中的厂房被掀翻屋顶，茶叶浸水，损失200多万元之巨款时，他依然伸出爱心之手，捐款5万元，捐助三名受灾困难学生。去年四川汶川发生大地震，他又踊跃捐款5万元，尽上企业的一份社会责任。

现在，周庆贺不仅是福鼎市、宁德市人大代表，而且还当选为福鼎市、宁德市广州商会的常务副会长，正如他自己所言："作为一名企业家，回报家乡、回报社会，是企业应尽的社会责任。对人而言，一生是短暂的，能帮助别人，为别人做一点事，是很快乐的。"

（雨　田）

林有希：夫妻情注"绿雪芽"

"绿雪芽"的名字在何时出现，尚无定论，但据说是古时候几个文人在一起品茶，边上有茶女伺候沏茶，见茶女拈撮的白茶细细长长，白茸茸，色翠绿。叫雀舌有其形而无其色，叫银针又有其白而无其绿。一个文人提议叫绿雪芽，这名字既雅又与其品质相称，形色都体现到位，大家一致赞同。从此，绿雪芽的名字就出现在民间。

在福鼎，谁都知道林有希是把白茶"绿雪芽"品牌经营的最出色的男人。你也许还不知道，他身边有一位女人——他的妻子施丽君，是她让"绿雪芽"插上了翅膀，飞翔到京城，被京城百姓称为"茶娘"。

（一）

施丽君就土生土长在美女之乡福鼎，家乡三面环山一面临海，山上有大片的茶园。她在茶香的熏陶下长大，非常爱茶。1982年考入福建农校，在茶叶评审专业学习。1984年毕业后被分配到国企福鼎茶厂做评茶员，一气儿干到1997年。13年的实践，使她获得了丰富的评茶经验，练就了一身硬功夫。一天到晚与茶的品质打交道，评茶所参照的是国家标准样，这标准样深深地印入了她的脑海。1997年下半年，因企业不景气而下岗的她，断然选择到北京发展茶产业。

林有希谈起他的太太来满脸洋溢着幸福。一整个上午在他的茶厂里一边泡茶，一边聊天，就是没有见到他的太太出现。林有希告诉我，北京那头的事情全交给他太太打理，有40平方米的店面、70平方米的仓库，成了绿雪芽北京地区一级批发集散地。2000年天湖北京公司在马连道安了家，

天湖茶业太姥山有机茶基地

他太太施丽君担任北京绿雪芽茶文化发展中心总经理，这时正是春茶上市时，施丽君更难得回家了。

说话间，林有希总经理找出一本《中国食品》杂志来，在2008年5月1日出版的第九期杂志上的封面人物竟是施丽君。

高挑的身材，温婉的笑容，穿着一件玫瑰红花纹底色的中式对襟衫，手里捧着青花瓷盖顶茶罐，气质优雅而颇具古典美。这就是被人们称作"茶娘"的施丽君女士。

林有希依然还清晰记得1997年7月28日，太太带着年幼的儿子，来到了马连道茶叶街，在金马茶城租了一个摊位。那时，这一带还是个大工地，到处在施工，客流量也不大，人们对茶的理解还很肤浅。万事开头难，施丽君并没退却。林有希说她像颗蒲公英的种子，一落地就在北京生了根。她也是和北京特有缘，很快就爱上了北京，北京的文化，北京丰富的饮食，北京的人文风景……她都喜欢。

当然，重要的还是她瞄准了北京这个茶叶发展的大市场，她当年和北京人谈白茶，没几个人知道，但她还是扭着性子要去做白茶生意。她做茶的风格和别人不同，喜欢从交友开始，从弘扬茶文化开始，只要愿意她都会不厌其烦地为客人泡茶，讲解白茶特性、传说、功效、口感和相关文化。在北京十余年来，她结交茶友无数，大多是文化人。别人从白茶中受益。她也从别人的文化职业中学到了不少东西。渐渐地，对金石字画也有了相当的鉴赏力。

　　走进京闽茶城施丽君的茶叶店，迎面就是一副启功先生手书的"绿雪芽"三个大字，渊雅而具古韵，隽永而显洒脱。施丽君的办公室对面的展厅里，摆放着各种形式的白茶加工成的屏风，或山水画，或书法，不仅散发出白茶特有的清香，其中的艺术品位也绝非一般。茶融到了北方人日常的生活中去。她在闲余时间，还将"诗经"讲座开在茶城，被媒体称之为"把国文带进马连道"第一人。

　　施丽君在京城打天下，主要从事日常的茶叶批发兼零售工作。除坐店经营外，还常常到总公司在其他省市的连锁店进行技术指导和监督检查，看其经营理念和实际做法是否与总公司有偏差，并给予相应的帮助。在经营中，施丽君不但在为客户的服务上热情周到，以诚信为座右铭，如实介绍茶产品的质量品质和等级价位，坦坦荡荡地做生意，而且从爱茶人的角度关心普通消费者。她耐心细致地告诉不会喝茶的消费者白茶、绿茶、花茶怎么喝，引导他们科学地喝茶、健康地消费。

　　作为一个女人、一个妻子、一个母亲，施丽君付出的实在太多了。在北京创业的这五年，她什么都要打理，进货要打理，出货要打理，内部职工的工作、生活要打理，对外事务应酬也要打理。再加上与总公司联络、密切注视北京市场动向，一切一切，她真的太辛苦了。尽管如此，施丽君依然很乐观，她说："辛苦是辛苦了点儿，但真诚换来了回报，当客户对我们认可称赞时，我很开心！"

　　不过，最令施丽君开心的事情是：到了北京两年后才知道品牌的重要性，所以公司很早就开始树立了品牌意识，并在短时间内又挖掘我国茶文化历史宝库，让绿雪芽名茶在自己的手中呈现出新的风采。"传说中的那棵仙茶树不正与史料记载的是同一棵树吗？不正是我们茶园以其为母本扦插的那棵千年老茶树吗？只不过现在被叫做福鼎大白茶罢了，沉睡几百年的名字应该苏醒了！既然我们做了公司的主人，就不应让它再沉默了，我们有责任让它重新绽放光彩。"施丽君感慨万千。

　　从借钱租用一个茶摊，而今在马连道有她开得两家茶店，在全国如今已有四十多家茶叶加盟连锁店，2000年成立了福建天湖茶叶有限公司，创办了北京绿雪芽茶文化发展中心。公司聚集原福鼎茶厂和茶叶公司的主要技术骨干，茶叶种植、生产、科研、出口、销售、人才培训为一体的现代化管理企业体系已逐渐成形，年产值去年做到了9000万元，"绿雪芽"成了白茶中的精品品牌，形成了独特的绿雪芽五心做茶文化理念——爱心种茶，细心采茶，精心制茶，诚心奉茶，良心售茶。当《中国食品》杂志记者采访施丽君时，她一脸兴奋地谈起了她心爱的白茶，她说："我爱茶，敬茶，并终生伺茶！"可以见得她是视茶如命，与茶相通，茶的"中和"本质在她身上也得以显现，做事恰如其分，恰到好处，而且完美地体现出来，带给她的客户和朋友和谐相处，和谐共存的商业机会。

（二）

白茶女人心。白茶和女人相得益彰。那么，施丽君是属于哪一类白茶的女人呢，我想答案应该是蕴藏在她的丈夫——"绿雪芽"之父、福建天湖茶叶有限公司总经理林有希的心里吧？！

在外人的眼中，外表稳重的林有希是一名颇具经营天赋的成功茶商；而在员工的眼中，林有希则是一位可以和他们一起吃饭的可亲可敬的上司。但是，每一个认识林有希的人都知道，林有希对"绿雪芽"倾注了所有的心血和感情。"真正的好茶一定有文化内涵，'绿雪芽'背后就有深厚的文化底蕴。"一杯白茶在手，林有希向记者娓娓道出他与"绿雪芽"的不解之缘。

2000年以前，林有希与大多数茶商创业的经历相比，可谓"大同小异"：1980年高中毕业后通过招考进入福鼎县茶叶局工作，开始与茶为生；1990年主动请缨，承包亏损严重的福鼎县选城茶厂，当年就实现扭亏为盈，经营天赋逐步显露；1996年创办福鼎市惜缘茶厂，崭露头角；三年后，在北京马连道参与创办京鼎隆茶城，在茶行业中站稳了一席之地。

然而，在林有希的心中，最值得被记忆的却是2000年。这一年，他37岁；这一年，他正式创立天湖茶业有限公司；这一年，他初识"绿雪芽"，在新世纪的前夕迎来了茶事业的全新跨越。

林有希夫妇(左一、右一)

　　"绿雪芽"的背后便是被尊称为"太姥娘娘"的蓝姑采白茶治病、救乡亲于瘟疫的动人传说。林有希深知，拥有"绿雪芽"，就更能深得太姥娘娘的眷顾，做好"绿雪芽"这个品牌，才能续谱福鼎白茶的大爱之歌。林有希下定决心，当年就以30万元将曾被外地人抢注的"绿雪芽"商标揽回福鼎。

　　对"绿雪芽"，林有希百般珍爱。自拥有商标开始，林有希便开始绞尽脑汁，思考品牌创立之路。

　　"对于无序竞争，我们不感兴趣。市场将来的竞争主要依靠品牌和质量的竞争，为什么我们不先行一步?"冷静的分析，长远的眼光，林有希的经营天赋再次展露。他赋予"绿雪芽"全新的含义：绿，象征健康和生命；雪，象征天然纯净无污染；芽，象征不断进取的精神，表示茶叶品质不断提高，"绿雪芽"则象征茶叶的"健康天然、优质纯净"。

　　为了给"绿雪芽"树立良好的品牌形象，林有希决定让它重回原生态的生长茶园，给它一个绿色无污染的健康环境。早在1999年，林有希就投资250万元，率先在太姥山承包茶园1500亩，建立我省第一家有机茶示范基地。优越的自然条件，生态的种植管理，为"绿雪芽"的品质提供了坚实保障。2001年，林有希等茶人还为"绿雪芽"制定了有机茶标准。

功夫不负有心人。"绿雪芽"以其"形美、色翠、香高、味醇"，赢得了消费者的青睐。2003年，"绿雪芽"被授予"福建省著名商标"称号。几年来，"绿雪芽"茶在国际国内的各种展会中屡获好评，取得了各种金银奖项，作为"南有铁观音，北有大红袍，东有绿雪芽"的福建三大名茶之一，渐渐在全国打出了名气。

如今，"绿雪芽"已经成为福鼎白茶中炙手可热的品牌之一。而林有希坚持认为，"绿雪芽"应该继承太姥娘娘乐善好施的精神，只有守住了这份博爱，才能将"绿雪芽"的光彩绽放。

林有希常对身边的同事说："'绿雪芽'是所有茶人共同努力的结果，也必将造福社会。"事实证明，"绿雪芽"有机茶的成功对福鼎白茶产业起到了重要的推动作用。在它的带动下，一批白茶品牌以雨后春笋之势异军突起；茶农增收，"笑容灿烂了许多"。据当地茶农介绍，有机茶价格比常规茶高出50%以上，年人均可增收400元。同时，林有希将"绿雪芽"与太姥山文化紧密结合，在宣传"绿雪芽"的同时无形提高了太姥山的知名度，为太姥山的旅游发展起到一定的推动作用。

对爱茶之人，林有希更是厚爱三分。周边中职、中专的学生，只要热爱茶业，他都热忱欢迎。他免费为员工进行文化培训，让新员工学习《弟子规》等传统经典文化，提高茶人的素质涵养，几年来培养出了一批茶楼的老板。

现在，林有希又开始酝酿"绿雪芽"的上市梦，他告诉记者，只有继续做好"绿雪芽"这个品牌，才能让"绿雪芽"更好地造福一方百姓。

（雨田　哈雷）

方守龙：深藏不露的"大专家"

认识方守龙已经有几个月了，但真正让我对这位沉默寡言的人刮目相看是在我见到他制作的硕大的茶砖之后。

几天前他带我和另外两个朋友一起到他的银龙茶叶科技开发应用中心。这是福鼎市区东南沿河靠海的一个秀丽的山川，是一个一看就让人喜爱的清净之地。要是在这里修个禅寺，肯定是一个静修的好去处。走进他们的厂房，几个工人正在忙碌着制作资国禅茶文化国际研讨会的纪念茶砖的边框，茶砖被纸护着，看不到什么。但当老方揭开防护纸，着实把我"雷"了一下。竟然有这么大的茶砖？！而且压制在茶砖上的"资国禅

萎凋车间

茶"草书比常见的刻在岩石上的书法更让人耳目一新。听老方介绍,他压制的万两白茶茶砖已经被收录为吉尼斯纪录。

老方带着他再往车间深处走,我看到一排仿古鼎,老方介绍说这是他们利用自主开发的特殊工艺制作的,用来做纪念茶砖的展示架,而鼎的名字就叫"福鼎",与白茶之乡福鼎地名正好相映成趣。我想,这巨型茶砖配上这古色古香的"福鼎",放在展场、卖场、酒店大堂、别墅客厅,可是上好的工艺展品,定会让观赏者啧啧称奇!我很后悔当时没带相机,2009年11月15日的资国禅茶国际研讨会上这些"福鼎"纪念茶砖将展出,到时候我一定拍张照片给大家看看。

随着对方守龙的了解增加,发现他值得我佩服的远远不止这些。

几年前,他决心改变花茶生产在地面拖、耙、滚、撒的落后生产方式,成功研发出了"茉莉花茶离地清洁生产新技术",技术上实现了鲜花进厂即上机养护、鲜花筛选、茶花拼合、窨制、通花、收堆复窨、茶花分离、待烘、烘干、摊凉等花茶生产全部工序均在机内一次流转完成而不落地。受到国家茶业质检中心主任骆少君研究员的高度评价。骆少君研究员认为,该新技术的研制成功"实现了完全离地机械加工,使花茶的质量、安全卫生及加工成本都取得了重大的突破,达到目前国内茶叶生产技术的领先水平,将对我国的茶叶加工生产及保持全面对外开放后茶叶产品质量及卫生的制高点具有重要的引导意义"。"实现全过程不落地自动化流水生产茉莉花茶新技术在实际生产中的应用,是我国茶叶科技适应食品安全卫生生产的新突破,必将对我国窨花技术的研究和发展产生深远影响。""该技术配套设施设计结构紧凑合理,连续自动化生产,综合利用率高(同时可适用于生产高级白茶和工夫红茶),带速、堆高、进出走向等控制自如,在机上生产的茶叶凸显原真精华,形质并茂,尤其对高档茶的加工因不用人工器具作业,避免碰撞损碎,尤其是外形保持原枝,芽茸及色泽亮丽,品质优良。""该技术配套设施由于实现电器操控生产,工艺技术稳定,尤其是提高了卫生标准,保障产品质量,对扩大我国茶叶的出口创汇提供质量、卫生等方面的安全保障。""离地生产花茶、管理规范,花茶拼和均匀,产品质量稳定,对提高企业效益、社会效益都起着积极重要的作用。"

"茉莉花茶离地清洁化生产新技术"作为目前我国花茶生产唯一应用的新技术被科技部列为"农业科技成果转化资金"扶持项目，应用高新技术生产的"银龙牌茉莉花茶"2007年被福建省科技厅推荐为全国重点新产品，其中两项核心技术被国家授权实用新型专利。

在以上技术基础上，方守龙利用福鼎四季柚花期疏落的香花为原料，开发出了柚香茶，成为新技术的重要应用案例，新产品被专家誉为"持重、持久的花茶之王"，"柚香茶生产工艺技术"于2007年获国家发明专利。

配套以上技术，他还研发了可调节时间速度的"测控式自动连续茶叶提香机"，被受理国家发明专利。

方守龙的银龙公司所在地福鼎市三面环山，一面临海，山丘面积占88.1%，自古以茶叶为主要经济作物。福鼎是世界六大茶类之一的白茶发源地，同时出产闽红三大工夫之一的白琳工夫，还是有机绿茶的重要产地。特别是福鼎白茶素以"世界白茶在中国，中国白茶在福鼎"而著称，福鼎白茶的"三抗"、"三降"功效为饮茶者所称道。白茶的制作方法说起来简单，一是自然萎凋，二是干燥，但是白茶制作对气候要求严格，既要求有充足的日照，又要求温度不能太高，一年之中只有4月底、5月初是制作白茶的最好时机，制作出来的白茶品质好，香气高，其他月份制作的白茶就没有这么好。白茶制作对自然条件的这种严格要求成为白茶生产过程和提升白茶品质的严重瓶颈。解决这一问题，对福鼎茶业发展具有非常重要的意义，他又把解决这一重大问题作为科技创新的主攻方向。

他从采访有多年制茶经验的茶师，建立专家经验模型开始，掌握了最佳白茶制作的日照时间、温度变动范围、空气湿度波动范围等经验数据资料，采用可调节光照条件的日光能阳光房模拟白茶制作的最佳自然环境，突破了白茶制作受制于自然气候条件的困局。为了增加阳光房的利用率，提高制茶产量，他开发成功了白茶日光复式萎凋机械化工艺，发明了拥有自主知识产权的"自动化晾晒装置"、"自动化萎凋装置"，实现了离地清洁化、自动化生产。该技术创新成果成功地保持了白茶制作传统工艺的

方守龙(左)向外国客商介绍福鼎白茶

日晒特征，避免了其他人工方式难以避免的种种问题，保持茶叶的自然形态不变，不破坏酶的活性，也不会被氧化，保持了白茶清新自然的毫香及烫味的鲜爽感。该技术还具有投资少、投资回报率高，提高劳动生产率，降低生产成本，节约能源等优点。

新技术通过了福建省级科技成果鉴定，其中三项核心技术一项被受理发明专利，两项被授予实用新型专利，再次受到骆少君研究员"技术路线及技术水平达到了国内外领先水平，产品品质达到同类产品的标准要求，对我国白茶生产保持占领该类产品的制高点，充分发挥品牌优势，具有重要意义"的高度评价。利用该技术制作的银龙牌福鼎白茶通过省级新技术产品鉴定，被评价为"品质达到同类产品领先水平"，在2009年农业部举办的中国国际农产品交易会上被评为金奖。

人不可貌相，眼前这位不善言谈的茶人，原来是一位深藏不露的"大牌专家"！

（张西振）

王成龙：京城茶街见证者

虽然马连道规模不算最大，但由于地处首都北京，又相继被冠以"京城茶叶一条街"、"中国特色商业街"等美誉，早已声名远播。各地茶商都来这里进货，精明的供货商们也纷纷进驻这里。在这条街上，说起王成龙，可说是"无人不知，无人不晓"。熟悉他的人会说：王成龙是个地道的"京城茶叶第一街"创始人之一，"中国特色商业街"的辉煌发展史离不开他的成功招商。尽管他没有读过MBA，甚至不曾上过中学；他不是"海归"，也没有四六级英语证书，算不上是现代意义上的企业家，然而他却可谓是众多来京闯荡的福鼎籍商人的代表：白手起家，跌倒过，受挫过，迷茫过，但屡败屡战，从不言弃，他甚至可以称得上是那个年代中国商人的缩影。

500元闯出一片新天地

刚刚进入不惑之年的王成龙出生于福鼎市店下镇溪美村。年纪轻轻便自谋出路，依靠借来的几千块钱从事茶叶买卖，没有成功。随后又到了晋江，在一家鞋厂里打工。23岁的时候，他回福鼎办了一家鞋厂，但又因为年轻气盛，经商不大成熟而亏本。结婚之后，迫于生活的压力到北京打拼，身上除了借来的500元钱以外便一无所有。但他就是凭着这仅有的500元一路走了过来。

万事开头难，初涉商海，王成龙便深刻体会到了这一点。走破了鞋、磨破了嘴皮子，茶叶仍然没有卖出去多少。关键的时候，他突然想起"能不能把京城零散的茶叶零售商集中起来办个专业市场，像王府井商业街一样呢？"这个想法让陷入困境的他顿时豁然开朗。

一闪而过的点子竟成了王成龙人生的转折点。"1996年前，马连道作为茶叶市场的作用还不被茶商所认知，也谈不上是一个市场。"王成龙说，当时的马连道与其他街道并没有两样，除北京茶叶总公司外，总共加起来只有四五家茶商，主要以零售为主，基本上是社区零售市场，为周边市民服务，极少批发，偶尔向北京茶叶总公司供货。另一方面，当时的马连道市场采购商少，采购量小，品种单一。据调查，除北京茶叶总公司外，马连道茶庄全年交易总量不过200万元。但王成龙认为，马连道所处的特殊地理位置为其成为北京市茶叶市场创造了条件，租金低，门面临街，交通和存储都十分方便。于是，他注册成立了北京市马连道京闽茶叶批发市场有限公司和福茗春茶叶有限公司，到福建、浙江等茶叶主产区招商，在极力推销家乡茶叶的同时也推动了马连道采购商群体的形成。

2001年以来，在王成龙等人的推动下，马连道茶叶特色街的招商进入了全盛发展时期，以各类茶叶批发市场的建立为标志，形成了完整的茶叶市场体系。其间，在马连道相继建立了六大茶叶批发市场，主要是马连

王成龙（左三）陪同福鼎市领导考察福鼎茶产业

道茶城、京鼎隆茶叶批发市场、京闽茶城、京马茶叶市场、信裕太茶叶市场及临街茶商形成的自由市场。王成龙说，这些批发市场共同构成了马连道特有的茶叶市场体系，马连道在北京乃至在华北地区茶叶批发的主导地位业已确立。在这一阶段，马连道茶叶市场的茶商数量急剧扩大，门类越来越多，茶商数量由原四五家，发展为上千家；结构也发生了很大变化，有北京市零售商转来的，有茶厂（场）在马连道设立销售点，还有一部分北京市民投资经营茶叶。这一时期，除卖茶叶的茶商外，其他服务企业也纷纷进驻马连道。尤其是在王成龙的发展带动下，仅京闽茶城就有福建茶商200多家，而来自福鼎的就有30家。

团结成就自己梦想

依靠自己不懈的拼搏与努力，王成龙从过去的跌跌撞撞渐渐走向沉稳，慢慢地有了今天自己的事业，轻松地游走于商场中。无疑，在这一点上王成龙是出色的，至少在两个问题上，他比许多人思考的更为长远深刻。

第一个便是团结，晋商、徽商的传奇最为倚仗的便是团结。而眼下，我们更为实际的比较对象恐怕非温州商人莫属了。他们堪称是鼎商们的老大哥。他们的拼搏与进取，他们的坚忍与耐劳，都为我们树立了榜样。而王成龙从他们身上还挖掘出了另一块更耀眼的金子，那也便是团结。王成龙告诉记者，相比于温州商人，我们福鼎乃至整个闽东商人们的团结意识都还比较淡薄，相互间的合作还不充分，而这，也制约了我们福鼎企业的发展。诚然，从昔日的晋商、徽商到今天的温州商人、闽南商人，团结的意义早已超越时空的局限而成为真理。"古人云：'众人拾柴火焰高。'"他说，"一个人的能力是有局限的，你一个人干得过我三个人、五个人吗？"语言虽朴实无华，但其意义却深刻不凡。

王成龙感慨，福鼎茶商从小到大发展到今天很不容易，这是茶商集体努力和智慧的结晶。他认为，福鼎茶商在京城的发展经历了三个阶段。第一阶段是大家单打独斗，分散营销；第二阶段是开店或者进入超市；第三阶段是开展品牌化运作，除开茶店外，还双管齐下开设茶馆，成为茶叶销售的通路。而福鼎北京商会的成立正是增强鼎商凝聚力的一剂良药，它为促进鼎商间的合作创造了很好的平台。此外，据悉，另一个旨在帮助会员解决经营困难，促进共同发展的互助基金项目也正在筹划之中。我们有理由相信，更多类似的项目还会不断涌现，一个强大的鼎商团体终会形成。

而另一个更具前瞻性的思考则在于人才。在理论上，人才的推动力早已得到肯定，然而实际上，依然有大量有用之人才得不到重用，可包括王成龙在内的福鼎北京商会却绝不甘犯这样的谬误。2007年，在他的支持下，福鼎北京商会在京大学生联谊会挂牌成立，将家乡的人才资源纳入商会运作体系打下坚实的基础。"21世纪是人才竞争的社会，要想将企业做大做强，首先就应学会尊重人才。"王成龙这样勉励福鼎在京大学生："我要向你们学习。""以后都要靠你们。"这正是新时期的商人应有的气魄。

由于文章篇幅有限，我们无法很全面地展现王成龙会长，但"一斑窥全豹，一叶知金秋"，且让我们管窥蠡测一番：笑看过去的王成龙是乐观的，注重团结的王成龙是大气的，珍视人才的王成龙是睿智的，而能同时兼具这三者，无疑，他的成功就不是偶然的。

（雷顺号）

庄长强：茶枕寄托创业梦

中国有句俗语："开门七件事：柴、米、油、盐、酱、醋、茶。"自唐朝中叶，陆羽完成了全世界第一本有关茶叶的著作《茶经》之后，饮茶风尚遍及大江南北。事实上，除饮用外，茶的药用功效更是历史悠久。唐代著名医学家"药王"孙思邈在《千金方》中记载：用茶叶装枕头，可明目、清心、安神、通经络、延年益寿。

我们今天故事的主人公就是由此激发出创业灵感的。他叫庄长强，是现代茶枕的创始人，同时也是被称为"中华茶枕第一家"的茶枕工坊的创办人。他创办的福建省夫妻峰茶产业公司、福建省天丰源茶产业有限公司先后成为中国睡眠研究会常务理事单位、中国茶叶流通协会团体单位、中国特许经营连锁协会团体单位、北京福建企业商会常务理事单位等。

庄长强的家乡福鼎是我国茶叶的发源地之一，是茶带给他灵感，同时也带给他财富。

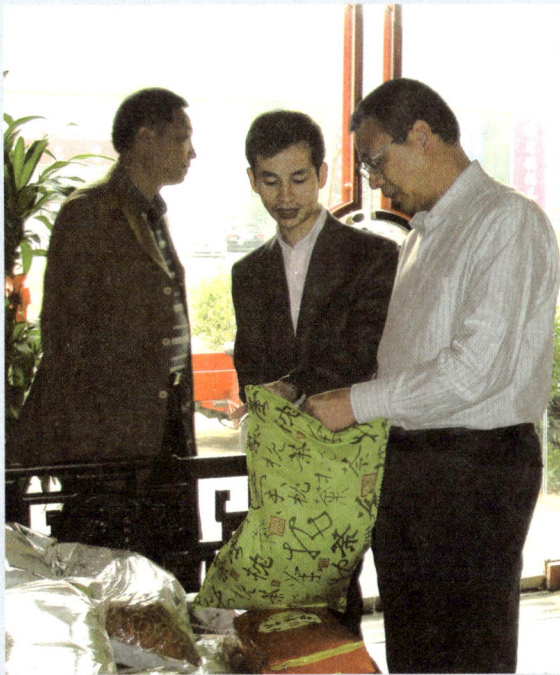

庄长强（中）向市领导介绍企业产品

突发灵感，"茶枕娘娘"赐商机

几年前，庄长强在黑龙江创业，他每天穿梭于城市的大街小巷，不厌其烦地向人们介绍自家的茶叶。由于诚恳和耐心，几乎所有接触过他的人都被这个南方小伙子所折服。渐渐地，凭借辛勤和汗水，他在黑龙江茶市场站稳了脚跟。生活富裕了，按说可以不用再操劳，但庄长强有自己的想法，他认为黑龙江的茶市场毕竟有限，要想谋求更大的发展空间，必须跳出去。经过仔细思考，他断然将茶庄全权交给哥哥打理，自己凭借一腔热情和执著去挑战和开拓一片新的市场。

2002年，庄长强只身来到重庆，试图在这里开辟另一块天地。但事情并没有那么顺利，由于一直找不到适合的投资项目，庄长强有些心情郁闷。一天，庄长强百无聊赖地翻着一本杂志，一个关于家乡的传说深深吸引了他："唐朝时，福鼎近海一带，水土肥沃、群山葱翠，时逢盛世开源，天降双福……传说有一庄氏女子，善理茶、织造、经营工坊。方圆百里皆有名气……一日，一老者执拂尘踏云而过，见此情景，颇为感动，箴言谓庄妻曰：将枕囊入上好茶叶，即可安枕无忧……"庄长强忽然有种莫名的冲动，似乎找到了一种自己渴望已久的感觉，他迫不及待地继续读下去："如今在当地依然沿袭一种风俗，每当逢年过节、亲人远行、新人过喜、老人添寿、千金落地，总要以茶枕相送，寓意'安枕无忧，一世平安'，并尊称当年发明茶枕的女子庄氏为'茶枕娘娘'。"这个头脑敏锐的年轻人坐不住了，一个初步的创业计划瞬间在脑子里形成，他决定回家乡大展身手。

回到家乡，庄长强考察了这些信息的真实性。据当地老人讲，他们小时候也枕过茶做的枕头。于是，他又查阅了大量书籍，发现在我国古代就一直有茶枕，就是把草本植物的茎、叶、花依照中医理论进行配伍，然后装于枕内做寝枕，人睡眠时枕内药物的有效成分缓慢散发出来，达到闻香疗病的效果，是养生保健、预防疾病的一种手段。

这将是多么庞大的一个市场？想想都把自己吓了一跳，庄长强暗自窃喜。接下来，收购茶叶、设计包装、联系印刷、选择面料、招募工人……庄长强全身每个细胞都充满着创业的激情。终于，寄托了庄长强所有梦想的茶枕诞生了。然而市场是充满传奇和希望的，也是充斥着冷酷与无情的。人们对这个古代茶枕娘娘发明的产品所表现出来的冷漠是庄长强始料不及的，很长时间都无人问津。好不容易有人怀着好奇心买几个回去，没几天竟一脸怒气地找回来，指着脖子上因过敏而起的一片片红肿要求赔偿，经销商也毫不留情地退了货。一瓢冷水让热血沸腾的庄长强冷静下来。问题出在哪呢？庄长强有些茫然了。

　　几十万元的产品，堆在库房里像小山一样压得庄长强喘不过气来。此时此刻，庄长强欲哭无泪，泪腺阵阵发酸，大脑一片空白！

　　以前，人们可能都会这样认为：每个人都只有一个枕头，按照国内的人口数目，大约有13亿左右的人，需要13亿左右的枕头。这是一个大市场，但是很多人又认为现在几乎每个人都有一个自己的枕头，市场开发得已经差不多了。其实，如果从事枕头行业的话就会发现，现在早已不再是一人一枕的时候了。很多家庭都需要远多于人口数的枕头。其中包括不同季节所用的不同枕头，不同用途所用的不同枕头，如靠枕、汽车枕、护颈枕等等。随着生活水平的提高，人们更换枕头的频率也越来越快，普通家庭平均2-3年就会更换一次枕头，所以说，枕头的市场容量远远高于13亿。

　　据权威调查显示，全球成人中约有30%出现睡眠障碍。2003年2月，中华医学会精神分会发表的最新调查结果显示：我国有42.5%以上的人存在睡眠时间不足、睡眠质量不好、多梦易醒等睡眠问题。近年来老年群体、中年妇女及都市男性白领的失眠发生率越来越高，并且呈现出向低龄化群体(学生群体)发展的趋向。所以改善睡眠质量成为人们的迫切需求，选择合适的枕头成为首当其冲需要考虑的问题。社会需求给枕头产品创造了发展的机遇。

　　庄长强坚信茶枕的市场潜力，但是没有调查就没有发言权，没有科学的论证、市场的验证就没有说服力。在做产品的同时，他开始和相关部门做大量调研工作。

取得真经，茶枕工坊一炮打响

选择对路的产品是成功的第一步。在全面的调研和产品开发中，庄长强和他的团队度过了"非典"的特殊时期，在这段沉寂的市场中，有了更认真的思考，更加相信自己的方向没有错。而且非典之后人们对于健康的警醒更是给茶枕的发展带来了东风，那么接下来就要扬帆远航了。

一旦选准方向，就要张开远行的风帆。通过一年多的市场调研和第一代产品的试销，2004年，茶枕工坊相继推出第二代、第三代产品，并开始规模化生产。茶枕工坊系列产品在市场受到欢迎。

但这时，产品还只是在全国各地的茶店销售，渠道单一。偶然通过一家礼品公司的订单，庄长强了解到了礼品行业，发现了一个更适宜于茶枕销售的通路——礼品渠道。2005年，他第一次参加北京礼品展，正式进入礼品行业。

茶枕的高附加值，自身新、奇、特的竞争力和对于礼品特性的吻合，一下子就受到礼品经销商的关注，接下来就纷纷有各地的代理商寻求合作代理，一时之间就加快了产品在全国的推广。

同年，茶枕工坊在北京成立全国营销中心，开始在全国进行经销网络的建设。茶枕工坊全国营销中心新型的渠道建设将结构扁平化，将原有的贸易型关系转变为伙伴型关系。传统的渠道关系是"我"和"你"的关系，即每个渠道成员都是一个独立的经营实体，以追求利益最大化为目标。在新型的伙伴式销售渠道中，公司与经销商由"你"和"我"的关系变为"我们"的关系，由"油与水"的关系变为"水与水"的关系。公司与经销商一体化经营，渠道成员共担责任，使分散的经销商形成一个整合体系。以诚信务实的态度与经销商共同提高运行效率，降低费用，共享资源。同时公司营销中心担当经销商的营销顾问，为经销商提供高水平的系统的市场服务、管理、营销策略等全方位的支持。至此，茶枕工坊的礼品营销渠道日益完善和强大。

（雷顺号）

陈龙标：人生如茶细细品

　　为了心中的梦想，他开过茶叶加工厂，随后从家里背着几百斤的茶叶孤身前往北京做起了茶贩，艰辛地闯荡四年后他拖家带口立志在北京开始创业。如今，他已经如愿地在北京站稳了脚跟，在马连道的茶城拥有两家属于自己的茶叶店，拥有大批的固定客户，生意也越来越兴隆。他，就是陈龙标。

　　陈龙标出生于福鼎市点头镇观洋村，那里的群众都是依靠种茶、炒茶生活。而说起陈龙标与茶叶的缘分，还要追溯到1991年。那一年，陈龙标投入5万元资金，与3个朋友一起在老家开办了欣隆茶厂，进行茶叶加工。"当初只是想着既然本地有丰富的茶叶资源，当地又有很多人都是依靠炒卖茶叶发家的。自己也可以通过向周边的村民收购零散的茶叶，经过加工再出售，中间必定会有很好的利润。"提到当初自己开办茶叶加工厂时，陈龙标说，"当初厂子每年的利润都在1~2万元之间，但是我想去看看能不能有所发展，是不是能在那儿开个茶叶店什么的，所以最后厂子'无疾而终'"。

　　在匆匆结束了老家的茶叶加工厂后，1993年8月初，陈龙标从家里背着600斤花茶，怀揣着自己的梦想，只身来到了北京。因为身上的钱不多，为了节省花费他在北京就租住在廉价旅馆的地下室。8月的北京天气炎热，地下室里更是憋闷。"一下雨，地下室里闷热不说，还很潮湿，但是没钱没有办法，只有地下室的租金是最便宜的，每天只要10元钱！"陈龙标还说："那段时间，我每天的全部消费不超过50元，就怕自己卖不出茶叶，最后自己一分钱也没有回不了家！"据陈龙标介绍，那个时期他在北京足足呆了2个月才把所有的花茶卖出去。

在那两个月里，陈龙标每天都拿着带来的花茶样品，坐公交车东奔西跑，每天最少都要来往60公里的路程，中午饿了就随便地打发一下，没有午休又带着样品继续奔忙于形形色色的茶叶店中。

"当时我也去了张一元、吴裕泰两个知名的茶庄，到茶庄的时候，心想着或许带来的花茶能在这里卖出个好价钱，但是茶庄的经理根本就不理睬我们这样的茶贩，当面就让我离开。"陈龙标回忆说。

推销花茶样品的日子里，四处碰壁对于陈龙标来说简直就是家常便饭。有时候甚至连茶叶店门都没能进去，就直接被老板轰出了门。但是，他并没有放弃，两个月里他几乎跑遍了整个北京城及其郊区的茶庄和茶叶专营店，最后终于如愿把600斤花茶都卖了出去。当时的花茶价格是一斤100多元，但是除去茶叶收购和加工的成本，以及在北京的所有花费，最后陈龙标仅带着剩下的4000元回了家。

虽然第一次到北京做茶贩遇到了许多困难，最后挣得的钱也不多。但是陈龙标没有退缩，为了自己在北京开店的梦想，1991年10月份，他又从家里背着2000多斤的花茶重新"进军"北京茶叶市场。第二次来京，虽然仍然常常被拒，但是相对于第一次顺利了不少，没多长时间陈龙标就把所有的花茶卖个精光，并赚得了5万元。

尝到了甜头的陈龙标，在此后的四年里，每年的下半年都会带着花茶前往北京，像打游击战一样出入于各类大小型茶叶店，推销花茶样品。四年里，他也认识了不少的茶商朋友，在北京打下了市场框架。

1997年，马连道茶城建成不久，陈龙标又来到了北京。这一次，他不再是一个人，而是带上了妻子和两个孩子。这一次，他也不再做零散的茶叶销售，而是盘算着在马连道开店。于是，他们一家子就在老金马茶城附近租了50平方米的平房，屋子没有暖气，冬天并没有比地下室好多少。"刚来的时候，由于不能适应当地生活环境和气候，我们都受了不少苦，尤其是孩子。冬天洗衣服的时候边洗边结冰……"回忆起初来北京闯荡的时候陈龙标的妻子感慨万千。

在选好40平方米的店面的时候，陈龙标又遇到了难题，装修加押金总共要10多万元，可是自己的全部家当只够装修，完全没有能力支付押金。

最后只能向亲朋好友借钱凑了4万元。经过十天左右的准备，茶叶店终于开张了。想想经过多年的努力，自己的店开张了，终于美梦成真，陈龙标兴奋不已！然而凡事都没有想的那么美好，刚开张的时候，人来的并不多，8月份的时候第一批茶叶就积压在库。"茶叶卖不出去，心里可着急了，想着投入了那么多钱，无论怎样都要把店支撑下去。"陈龙标说。

通过朋友不断引荐，与客户不断来往，在这个过程中，陈龙标又结识了不少新朋友，也有好多固定的客户及茶友。每天都能有6000元左右的营业额，生意好时，还能达到几万元。1998年，整年的营业额就有4000多万元。

在接下来的几年里，他相继在新金马、新鼎荣、京闽茶城开了茶叶店。最好的时候他经营了6家茶叶店。但是由于遇到"非典"和马连道拆迁，相继关闭了4家分店。现在经营的是京闽茶城50多平方米和马连道茶城70多平方米的两家店。"店面虽然有所减少，但是客源却没有因此减少，来我店里喝茶买茶的大部分都是当初做茶贩时结识的朋友。"

在陈龙标的两家茶叶店里，10多个店员全是福鼎人。每次店里需要店员时，陈龙标第一个想到就是托老家的人打听是否有老乡愿意来京打工。而且10多年来，陈龙标店里的茶叶来源除了自己做的茶叶外，一直都是家乡亲朋好友的茶叶。用陈龙标的话来说，虽然生活在北京但是到处都弥漫着家乡的气息了。

两年多的开办茶厂经历，4年多孤身一人在北京东奔西走销售散茶的茶贩生涯，11年经营茶叶店，这些经历是陈龙标人生中最宝贵的财富。回想起自己曾经走过的路，陈龙标说，自己多年与茶叶打交道的过程中体会最深的就是：人生如茶，需要细细品味，困难来了绝对不能退缩，挺过来就离成功不远了。

（汪晶晶）

陈瑞芳：人生一品有禅茶

　　从开始对茶叶一点也不懂行、给福鼎老乡看店的毛丫头，到如今成了精通茶道文化的茶商，历经几年磨砺，陈瑞芳已成了一名专业的"茶师"，无论是茶叶专业知识，还是进货、销售，她都能独当一面。而且原本并不善言辞的陈瑞芳，如今说起茶叶以及茶文化来，头头是道。陈瑞芳有着怎样的成长、蜕变的过程呢？

　　21世纪的第一个年头，陈瑞芳满怀着对都市生活的憧憬与向往，兴冲冲地离开福鼎老家来到北京开始打工生活。"我想，既然几千万人都能在北京闯荡，我也可以，男人能做到的，我也一样可以。"陈瑞芳说起初来北京时一脸坚定。

　　那时，她和大多福鼎女孩一样给在北京开茶叶店的福鼎老板看店。虽

陈瑞芳夫妇

然在农村土生土长的陈瑞芳对于茶叶并不陌生，但是对茶真正意义上的"子丑寅卯"，她根本就说不上来。来到北京，看顾客们品茶，听他们谈论有关茶叶知识，陈瑞芳开始对茶道文化渐渐地产生了浓厚的兴趣。

为了学习相关知识，陈瑞芳付出了太多的汗水和精力，她当时就想着有一天自己也当上茶叶店老板。因为这个梦想，在给人看店的时间里，一有空余时间，或者有顾客在品茶和老板聊天时谈及茶文化，陈瑞芳就会站在旁边认真"听讲"。只要一有学习的机会，陈瑞芳都会如饥似渴地学习着有关茶文化的知识。即便之后成了老板仍然固守着学习的习惯。

2001年，陈瑞芳离开了打工的茶叶店，凑足了资金在北京市马连道茶城开设了第一家"福鼎白茶"禅茶专卖店。虽说有了一年在茶叶店里打工的经历，但说起茶叶经营销售，陈瑞芳还是个新手。刚开店的时候和大多人一样，陈瑞芳也经历过连续好多天没人光顾，茶叶卖不出去的窘境。然而凭着信念，以及独特的文化经营理念，生意慢慢有了起色。陈瑞芳的茶叶销售生意虽蒸蒸日上，但并没有市场主动权，批发商与零售商随意压价行为时有发生。她决定自己开设专卖店，这样不仅有利于掌握主动权，还有利于打响品牌。陈瑞芳说："中国六大类茶叶中有白茶，而福鼎白茶绝对是优质的'中国白茶'。但是由于福鼎白茶的品牌没有打响，所以我们一直沿用'中国白茶'的品牌来推广白茶。"陈瑞芳在推广福鼎白茶的过程中遇到很多困难。她说："每次遇到坎，我就会想到白茶可以养生，现在人人都追求健康，这更坚定了我继续推广打造白茶的信心。"

对于茶文化有着自己一番独特的见解和认识，陈瑞芳认识了不少爱品茶的文人墨客，茶友们有空也都喜欢来到陈瑞芳的店里，喝喝茶，聊聊天。当天和陈瑞芳聊天的半个小时里，来她店里品茶聊天的就有书画家、海外朋友和北京当地记者。陈瑞芳说："我的习惯是先做朋友再做生意，以茶会友，大伙在一起品茶感觉非常好，这中间我也能有机会向朋友们介绍福鼎白茶。"

几年后，她又在北京市国际茶城开设了第二家分店。2007年春茶开采前，陈瑞芳的禅茶一品茶业有限公司在点头镇建立了茶叶基地。她联合了当地1000多亩茶园作为公司的生产基地，让公司有了充足的优质货源，当年就实现销售收入30多万元。说到点头镇的茶叶基地，陈瑞芳说多亏了自己的丈夫，三年前，他看见村里一些加工厂采摘茶叶加工后，都要自己跑到浙江苍南等地方推销，不仅加工档次低，市场销路也没有保障。于是，他萌发了成立具有加工、贸易与专卖等各项功能的茶叶开发公司的想法，通过公司统一收购、统一加工、统一销售的模式，既方便了村民，又提高了收入。

2008年春节前夕，陈瑞芳加工的福鼎白茶还被福鼎市委、市政府选中，作为礼品进京慰问中国人民解放军三军仪仗队。

陈瑞芳从来不卖散茶，她注重包装，这样茶叶放长了还能保留茶叶的原味。同时为了能够做到环保，她自己动手设计了不用胶水，纸张折合成的热封包装礼盒，就连包装袋内层的"枕子"也都是纸质。与此同时，包装盒的外部设计也很注重茶文化的融合。在海峡博览会上，正是因为陈瑞芳店里茶叶的包装完美地体现了茶与禅的结合，吸引了大批的参观者。2008年奥运会期间，英国伦敦市长发展所主席哈维·麦格拉斯先生就向陈瑞芳下了近800份的订单，合计1000多盒白茶，并严格要求包装必须具备有中国特色，档次要高。随即陈瑞芳设计了以白色为底色，水和祥云为主图案的淡雅包装礼盒，得到了哈维主席的称赞。

时至今日，陈瑞芳仍不忘要把茶叶和文化当成事业去做，不做投机商，她说："做人要像做茶一样踏踏实实。"

（汪晶晶）

纪孔玉：种茶致富"第二春"

纪孔玉，翁溪村村委会主任，福鼎市人大代表，2008年被评为福鼎市"农民比致富"先进个人。

19岁开始种茶、做茶、卖茶，历经十余载，纪孔玉始终坚信"付出总有回报"。他凭着勤劳、实干的精神，放弃在天津市辛苦创业的茶庄后，回到福鼎老家翁溪村承包了近百亩几近荒废的茶园，迈上茶叶致富的第二个"旅程"。

万事开头难

"我是从1988年开始种植茶叶的，当时自家有3亩多茶园种植大白毫，后来也慢慢开始学着做茶。1995年去了天津市，开起了茶庄，主经营花茶、绿茶。"纪孔玉说，也就是在天津开茶庄那几年让他逐渐尝到了做茶商的甜头，于是坚定了发展茶产业的信心。

2002年，看茶产业的发展前景较好，埋藏在纪孔玉心里的承包茶园发展茶业的愿望更加强烈了。于是，他"打道回府"——回到了福鼎市翁溪村，除了扩建自家的茶园外，他承包了村里茶厂的100多亩的茶园，开始种植茶叶。

"从专卖茶叶，转而承包百亩茶园种植茶叶，突然间的角色换位，尤其是对管理茶园比较陌生，我倍感压力巨大。"纪孔玉说。当时，很多村民都对纪孔玉回村承包茶园的做法感到难以置信，不明白他为什么好端端的茶庄不经营，反而回村种茶叶。"当时好多人都觉得我是不是脑子有问题呢。"纪孔玉打趣地说着，"大家都认为种植茶叶赚不了大钱，何况是

福鼎白茶茶园

承包村里的百亩茶园，那更是没人愿意了，大家都琢磨着要以别的方式致富。"据悉，村里人之所以会一致认定纪孔玉的做法不明智，是因为在纪孔玉之前，就曾经有六个人承包过村里的茶园，也曾试图以此开辟一条"成功路"，但是最后都搞不成，茶园也荒废了。村民认为，既然六个人都无法成功，那么纪孔玉一个人单枪匹马成功的概率则更低。

纪孔玉没有胆怯。他成立了鸿兴茶厂，并与本市的泰福、永香、馨茗三家茶企业联合上报福建省申请成立万亩无公害茶园，同年立标批复。期间，每天他都上山到茶园，还雇用了村里的几十位村民帮助打理茶园。但是，第一年，茶园没有经济成效，第二年，茶园还是没有成效，第三年仍然没有。因为迟迟不见成效，原本合作的三家茶企业没了信心，决定四家解体，各干各的。看着投进几十万元，不见经济效益反而亏本，茶园也差点荒废了，纪孔玉想了很多。"那两三年整个茶园没赢利，反而亏了近20万元。当时，我的信心也被打压得一塌糊涂，每天睡醒来，头一件事就是想着怎样才能转变目前的局面。"回忆起几年前的艰难处境，纪孔玉皱起了眉头说，他有"万事开头难"的心理准备，但是没有想到会这么难。"既然自己选择了这条路，那就继续走下去。"

迎来致富"第二春"

"牺牲"了很多茶树与资金之后，纪孔玉开始自己钻研种茶之道。为什么茶园没能出成效，怎么样科学管理茶园，如何突破？期间，他不断地向经验丰富的茶农、茶人请教，并在实践中尝试，逐渐地，纪孔玉对茶园种植、管理技术有了一套自己的经验。

功夫不负有心人。2006年，纪孔玉的茶园开始有了收益。纪孔玉说："失败，往往也是一种增加经验的历练。"近年来，纪孔玉的茶园和茶厂取得了较好的经济效益，如今的产值与往年相比是翻了几番，差值能达到60—70万元。

"现在想来，幸好当初我没有被一时的挫败打倒了，幸好我选择了继续坚持。这几年来，越发觉得自己当初的选择是对的。"回想起曾经的艰难，再看看现在的自己，纪孔玉感慨地说道。

据了解，纪孔玉的茶青每年都被选为省取样检测（每年定点检测）茶青，整个点头镇都是按照他家出产的茶叶农残标准为标尺。

纪孔玉说，茶叶生产要一年比一年好，看到今年的产值就要考虑明年的发展怎么样才能突破今年。谈及接下来的发展思路，纪孔玉说："今年下半年，首先我准备再一次改造茶园，将老化的茶园全部改造，其次是改变肥料，以前都用尿素等化肥，接下来要改用有机肥，这样能让茶叶长得更好些，然后再改进厂房。当然农残的标准要求我绝对是不会放松的，全力打造无公害茶叶产品。"

村里致富带头人

近几年，纪孔玉的茶园管理技术与经验，也引来了村里不少茶叶种植户前来向他取经，他也致富不忘乡亲，总是有求必应，耐心细致地给他们讲解在什么地块能发展茶叶，茶叶该如何育苗、如何栽植、如何采摘、如何管理等。他的茶园、茶厂也雇用了村里不少村民，并和村里三百多户茶农建立了合作关系。为此，他成了翁溪村的致富带头人。

2007年，纪孔玉进翁溪村当文书，并入党。2008年，他当选为翁溪村村主任。"当得知自己当选村主任的那一刻，心里还真的就感觉到了压力，这可比当初管理茶园失败后的压力大多了。"纪孔玉说，"身为村主任就要更多地为村、为村民的利益着想，怎样带动村民们致富无疑就成了头等大事。"

除了将自己多年来种茶、制茶、卖茶的经验向村里的种茶户们宣传、推介，从担任村主任开始，纪孔玉还常常想着要如何才能更好地把村里公社的茶园充分利用起来，如何才能让村民的茶园出更好的经济效益。今年倒春寒出现霜冻，茶叶受灾后，纪孔玉及时、积极地带领村民们采取修剪等方法进行紧急自救，减少了损失。纪孔玉介绍说，他打算在引进新品种茶叶之余，也研发新品种茶叶，并用"公司+茶厂+农户"三合一的方式全力带动村民致富。

据了解，纪孔玉不仅为当地解决不少劳动力问题，而且，在他的带领下，现在翁溪村农民的收入比原来提高了三分之一，在纪孔玉茶厂里工作的村民，他们每年的工资有近两万元，村里的种植户们每年收入至少达到2—3万元。

（汪晶晶）

张茂住：江南孔村有茶人

　　"我们家庭的经济来源主要靠茶叶，如果没有茶叶，我们农村人的生活不知怎么办。"张茂住接受记者采访时这样说道。张茂住是福鼎市管阳镇西昆村村民，近几年，他紧紧抓住福鼎市大力发展白茶的机会，利用祖上废弃的老房子整装后开办茶叶加工厂，为自己找到了一条致富路，经过几年的苦心拼搏，现在张茂住成了村里一位小老板。

　　记者在张茂住的茶叶加工厂内看到：几台制茶机器转个不停，几位工人来回穿梭忙碌着，时不时还有外地茶商前来洽谈生意，整个场景显现出一派热火朝天的样子。据张茂住介绍，他从事茶叶加工已经有七八年的时

雪中的福鼎白茶生态茶园

间了，从当初的年加工茶叶几百斤，发展到现在年加工茶叶100多担，产品提供给本市及外地规模制茶企业进行进一步包装，产值达到几十万元。几年间，因为茶叶，张茂住的生活发生了大变化。原来住的是破朽木房子，现在住的是五层楼砖混结构的新房子，走进张茂住的家里，电冰箱、煤气灶、彩色电视机等生活家电应有尽有。

张茂住是土生土长的西昆村人，已过不惑之年的他，虽然是温饱无忧了，但在此之前，他的生活还是很拮据的。一家5口人，全指望他赚钱养家。无奈之下，他北上南下到处打工，寻找赚钱机会，虽然也赚到一些钱，但每年扣去人情花销、吃穿等生活成本，所剩无几，生活并不富裕。

近几年来，随着福鼎市委、市政府对白茶宣传力度的加大，福鼎白茶声名鹊起。福鼎白茶"墙内开花墙外香"的局面也慢慢得到改变，以其"三降、三抗"等保健功效，受到国人的青睐，市场上福鼎白茶供不应求。福鼎的许多农民尤其是山区农民，珍惜这美好的机会纷纷改种优良品质的福鼎大豪茶。位于管阳镇西北部的西昆村，全村2057人，其中孔姓村民就达到600多人，是江南最大的孔子后裔村，也是省级历史文化名村。近几年来，管阳镇西昆村两委在打好"孔子后裔村"旅游牌的同时，也十分重视发展农村经济，利用西昆村气候适宜、土质好的特点，鼓励村民大力种植茶叶，想方设法引导农民创业增收。现在全村茶叶种植面积达1800亩，平均每户均有茶园三亩，每个家庭至少有几千元的收入，茶叶成为西昆村民致富的途径或家庭的主要经济来源。

（曾云端）

吴仁：翠郊大宅续茶事

　　翠郊，太姥山下的一个小村，从白琳集镇到翠郊村的山路蜿蜒曲折，直至俯视见浮云，才有房子出现在眼前。

　　从集镇修上来的水泥路，不宽，不时有摩托车呼啸而过，车后多半捆着大包大包的茶叶。路的两边是延绵不绝的山坡，种着一望无垠的茶园。

　　"入来吃茶哩。"一男子从屋里出来，见有陌生人，用当地话招呼进去喝茶。门前山峦滴翠、纵横阡陌，院内红砖青瓦，屋地上铺满青绿茶叶，村中的茶农竟是如此好客好茶。男子姓吴，乃吴家二儿子吴仁。

　　两百多年前，翠郊村的吴姓人家为避战乱从江苏迁来，开始种茶。在清朝乾隆年间，村庄门前的道路为官方驿道，也属于交通要道，很多外省的商人通过这条驿道来福建贩茶而发财。

　　当地一个吴姓的主人，因为精于制作好茶，其白琳毛尖茶通过这条驿道的传播，经销到全国各地，为此富甲一方。发家后的主人，便在村庄附

翠郊大厝一角

近选择一块土地，开始建造占地面积20亩豪宅。豪宅传承着一个富殷的古老家族的故事，它有如一个古老的围棋大棋盘，摆设于幽谷之中，随时恭迎仙人神游于此席地品饮。

作为吴家后人，吴仁在翠郊这几年靠着种植、加工福鼎白茶，同样也拥有自己的新楼房。

南方气温较高，春天来得早，二月下旬，就有茶农开始采摘茶叶。不过吴仁家最早的采摘也要等到三月下旬，清明前后。此时的茶园，一眼望去，凡是青绿色的茶树皆是翠尖的福鼎白茶，这时节因为量少，特别珍贵，又有一种难以言状的好味道，价位也是特别高，常常是供不应求。除了春茶之外，夏有暑茶、秋有秋茶、冬有雪茶，吴仁说，暑茶是各个季节的茶叶中，质量最差的一种，通常价格卖的不是很高。

吴仁总为自己拥有一片上百亩茶园而高兴，他家的茶园一年产茶几千斤，两个女儿正在私立中学上高中，一年学费就要好几万，一家人生计全靠茶园，这几年因为政策好，茶价高，扣除工人采茶做茶的费用，全家人一年的收入并不低，当然日常茶园的费用投入也不少。村里种茶的能人越来越多，邻里乡亲纷纷盖起了小洋楼，土地越发稀贵，茶农们珍惜土地，在门前屋后、山坡田坎种上几十株，因为少有虫害，一年四季无须施肥。

去年吴仁夫妻又开辟几块新茶园，在村里开办了茶叶加工厂，加工收购村民自家种的茶叶，价格比外头高出许多，每天加工茶叶上千斤，免除了乡里乡亲贩茶的辛苦。

吴仁说，当年吴家老爷京城贩茶赚足了白银，一人富不算富。现在翠郊家家户户住上新房子，全村富才算富。

（蔡丽军）

张茂座：勇立潮头闯市场

"几年来，我厂里生产的茶叶在山东市场都是产多少销多少，有时甚至供不应求。去年，我厂里的茶叶产量是700吨。"近日，记者在管阳镇金峰茶厂采访时，企业老板张茂座介绍道。

和许多靠茶叶发家致富的人一样，张茂座也是从拥有几亩茶园的穷茶农干起，逐步发展成为当地茶叶营销户中的佼佼者。在当地，他率先注册茶叶商标——"华羽村"。如今，张茂座厂里生产的"华羽村"茶叶在山东一带是畅销产品，年营业额达千万元。

怀揣茶叶致富心

"我们家茶园的茶树还是我在14岁那年亲手栽种的呢。"张茂座说，从14岁开始，他就依托家里的5亩茶园当起了茶农，一直到18岁后他才跟随村里人外出闯荡。

"前三年，家里采摘的茶叶都卖给当地茶厂或茶贩，价格很便宜。直到17岁那年，我才意识到，茶叶经过加工，能使茶叶获得较多的价值。"张茂座回忆，那年他在管阳村村委茶厂当茶叶加工学徒，将自家茶园采摘的茶叶放在厂里"实验"，学习手工炒茶。"我记得很深刻，那经过粗略加工后的茶叶卖出去，一天我就赚了300元。"初尝甜头后，张茂座一有时间就向村里有经验的老茶农们请教如何制作、加工出好的茶叶。

和许多农家孩子一样，张茂座怀揣着致富的理想。看着村里的一些人，靠批发、销售茶叶渐渐富裕起来，他心里下定了外出当茶贩的决定。1990年，凭着年轻人的一股闯劲，年仅18岁的张茂座从管阳镇周边的村子里收购了一些茶叶，跟随着村里人，肩挑手拎，先后到达杭州、苏州等城市推销茶叶。经过两三年的奔走，张茂座不仅学会如何挑选出好茶，而且学到了不少茶叶营销的理念与经验。

随着茶叶市场行情的逐渐看好，张茂座开发茶叶致富的信心更加坚定了，"当茶贩就是零散的到处跑市场，很不稳定，所以当时就想着一旦有了足够资金一定要开茶庄。而那个时候，福鼎人大多都集中在天津、北京一带做茶庄生意。所以，我想着这次就不随波逐流了，选个新地点，开发一个自己的市场。"张茂座说。于是，1993年，张茂座在山东开了一家"福建茶庄"，主要销售绿茶。

勇闯山东茶市场

要知道，那时山东一带的茶叶市场长期是被安徽人垄断着的，而且在那块市场上，人们多卖花茶，绿茶则相对的少为人知。

"当时，我收购的绿茶在自家茶庄单价9元卖不出去，而安徽人从我这购进，放到他们的茶庄销售单价为10元甚至更贵，却仍能销售得很好。"面临这样的同行竞争，张茂座感到了前所未有的压力。同时，他也发现：在与处于垄断地位的安徽人的竞争中，无疑是品牌性的竞争。他们之所以能吸引更多的客户到他们的茶庄购买茶叶，主要是因为市场上大批顾客与茶叶批发商更注重品牌，通常情况下都是先入为主，购买已经熟知的品牌茶叶。"明明茶叶质量很好，但是鲜为人所知的话，就是不好销售。可见品牌的力量在茶叶销售中很重要。"说到初闯山东茶叶市场，张茂座感慨万千。

所幸的是，依仗着优质的茶叶质量，张茂座还是慢慢建立了一些固定的销售关系。

张茂座认为，仅靠单纯地收购，茶叶档次很难提上去，每年虽能赚到钱，却不能从整个产业链条上保证茶叶质量。要想茶庄里销售的茶叶品质优质，能达到自己满意的标准，那么最好是茶叶生产加工自己亲手抓。经过深思熟虑之后，1996年，他在经营茶庄之余，回到管阳镇办起了金峰茶厂。

福鼎白茶茶园

2002年，张茂座注册了商标"华羽村"，也将自己茶庄的店名从"福建茶庄"改为"华羽村茶业"。口口相传，无疑是一种无形的广告。注册商标后，那些固定客户也帮着推介"华羽村"茶叶，于是，"华羽村"茶叶逐渐被更多人所知。

由于优质的品质，张茂座厂里生产的茶叶在山东地区销量好，茶庄生意红火。"如今，山东那块的市场情况完全反过来了，现在是安徽人的茶叶不好卖，但是放到我的茶庄就相对的容易销售出去。"说到这个转变，张茂座满脸成功的笑容。他说，现在无论是喝茶的人，还是茶叶的批发商都会去他的华羽村茶庄购买茶叶。

紧抓质量兴产业

提高了产品质量，茶叶就有了市场竞争力。对此，做过茶叶加工，又跑了多年市场的张茂座更有着充分认知。

因为受到当时自家厂子生产场地的限制，无法进行较大规模的加工生产。张茂座采取了"小型茶厂+自家茶厂"的生产模式，实行订单式生产。"我和镇上的其他小型茶叶加工厂合作，委托他们进行收购茶叶、加工茶叶，之后，我再从这些小厂购进他们已经过加工的茶叶进行精加工。"张茂座介绍说，这样设置多个定点加工，可谓是规模化带来了高质量，也带来了高效益。据了解，从2002年开始，张茂座就和管阳镇辖区内的小型茶叶加工厂合作，覆盖全镇大小的村庄以及邻县村落。如此这般，有效地提高茶叶产业化水平，降低小型茶厂直接面对无情市场的风险，实现了增产增收。据张茂座介绍，与他有合作关系的小型茶厂仅每年的茶季时分一般都能有10万元的盈利。

茶叶的发展趋势是天然无公害，这是张茂座很早就认识到的真理。为了做出更好的茶叶，多年来张茂座一直着力提升产品档次，在质量上求高，实行产品深加工、精加工。他总是在厂里亲自抓加工，验收茶叶质量，只有产品的色泽、口味、条形等条件都达到标准，才能出货。

2007年，"华羽村"茶叶经过QS认证。"就2007年那一年，在山东济南地区'华羽村'的营业额就达到了1000多万元。"张茂座说。如今，对他来说，完全不用去顾虑销量的问题，只要全心全意做好茶叶质量。

茶叶的畅销，给张茂座带来了收益，也带来了荣誉。2002年，金峰茶厂被评为福鼎市茶叶生产加工先进单位，2004年，张茂座被评为福鼎市茶叶营销大户，2006年，又被评为福鼎市"农民比致富"竞赛活动先进个人。

（汪晶晶）

张小苏：八亩茶园致富路

今年44岁的张小苏是福鼎市管阳镇西昆村村民。西昆村是福建省历史文化名村，也是管阳镇茶叶种植比较集中的村子。张小苏一家祖祖辈辈住在西昆村，靠种植茶叶补贴家用。

走进张小苏家，笔者感到诧异：这排排4层高、外贴瓷砖、内部装修漂亮、家用电器一应俱全的楼房，怎么会出现在偏僻的西昆村？它的主人是眼前这些老实巴交的农民呢？随着张小苏的介绍，笔者逐渐了解这位茶农的"幸福生活"。

15年前，张小苏的生活可算是"贫下中农"的代表。一家12人挤在一座两层的石头房里，夏天像蒸笼、冬天冷冰冰。南风天一到，石头直滴水，整个屋子湿漉漉的。生活靠种粮种菜，虽说可以解决温饱，但是一有人情花销时，一家人只能坐在那里面对面，干瞪眼。每当学校开学，一家人为几个孩子学费东奔西走。求爷爷，告奶奶，才凑齐几个孩子的学费。看着邻居一个个买家电，建新房，除了羡慕，只有无奈。那几年为了钱可谓是愁坏一家人。

8年前，张小苏经不住管阳镇、西昆村两委的"软缠硬泡"，刨掉了家里一亩地瓜，种上福鼎大白茶。由于，西昆村地处太姥山延伸山脉的山

福鼎白茶有机茶园

脚，以高丘陵山地为主，海拔300~700米，植被完好，生态环境优美，水质、空气质量上佳。产出的白茶，品质上佳，一采回家，即被茶场收购。回家一算账，发现一亩茶园收入竟然高达2500多元。一家人经过商量，决定将原来的山地改种茶叶，经过4年多的努力，他们家的白茶种植面积达到了8亩。有了这8亩白茶，张小苏的生活发生质的改变。

张小苏介绍说，今年虽然天公不作美，头茶几乎颗粒无收。但是，茶叶价格的上涨，预计今年每亩白茶可收入2500元左右，茶叶收入虽说比往年少一些，但达到2万元应该不成问题。等到茶叶采完，再种上一两亩太子参、加上养猪，今年的收入将近4万元，收入一点都不比外出打工的差。经过几年的积蓄，在3年前，张小苏从生活40多年的石头房搬出来，住进现在的新房子。张小苏的爱人骄傲地说："对我们农村人来说，采茶采出一溜房子不简单。建这溜房子，整整花了13万多。"

"咱们农村如果没有茶叶，就没有收入。现在的生活，想都不敢想。采茶，是土里刨黄金。"张小苏的爱人如是说。张小苏有两个孩子，大儿子在西阳中学读书，小孩子在西昆读书，两个孩子读书的费用一年也要1万多，这些开销，都是茶叶中赚来的。

张小苏对自己现在的生活很满足，他说自己除了种茶、采茶，做不了别的。现在，张小苏夫妇早上上山采茶；中午，将采回家的茶青拨茶针；然后送到茶叶加工厂加工。两个孩子成绩优秀，村里人都很羡慕。他的脸上每天都洋溢着幸福的笑容。

"只要'福鼎白茶'做得好，我们的生活就会更好！"临走时，张小苏满怀憧憬地说。

（陈善施）

梅相靖：茶业世家今胜昔

　　走进福鼎点头柏柳村，弯弯曲曲的山路两边，放眼望去，满眼都是鲜嫩的绿色，空气里弥漫着沁人心脾的茶香，制茶高手梅相靖就住在村里。

　　今年66岁的梅相靖，出生于茶业世家，其先祖梅伯珍是福鼎茶业老行家，福建茶商名人，在20世纪30、40年代，将福鼎白茶推向世界各国，在茶商界有"梅占魁"之尊称。梅相靖从小继承父辈梅毓芳、梅毓厚、梅毓淮学习培育茶苗、出产茶叶。

　　当过村干部，干过多年的农活，对茶叶情有独钟的梅相靖，几年来，致力于发展茶业，经过一番艰苦创业、艰辛探索，他的外号"茶仙"早已被省内外广大茶商、群众所了解熟悉，他的茶苗质优价高，总是足不出户即被茶商抢购一空，他成了点头远近闻名的种茶制茶能人。

　　早在20世纪60、70年代，梅相靖和其他村民一样，家里主要收入靠种田为生，一年辛苦下来赚不了多少钱，但他不甘心，寻思着如何致富，于是就和父亲偷着种茶，一年手制白茶数担，托人带到外省卖。当时，全村的茶叶总面积不过四五十亩，茶站的收购每公斤0.8元左右，而在广东，却卖20多元。广东的茶人说，

茶青交易

你们福鼎点头有这样的好茶，不能拿出来卖真是可惜。

从此，梅相靖开始努力研究培植茶苗，制茶，在原有育苗基地的基础上，选择新品种试点试种，加强育苗基地新品种茶树的繁育以及开发，并学会了从栽种、采摘、摊青、杀青，到揉捻、理条、晒干的茶叶种植和加工技术，把古老的白茶制茶工艺提升到一个新的高度，其白茶制作技艺2010年被确定为福建省第二批非物质文化遗产项目，他也光荣地被确认为这项非物质文化遗产技艺的代表性传承人。

近几年，每到产茶季节，梅相靖就成为大忙人，茶农争着请他去帮助培植茶苗，他的足迹遍及福鼎所有产茶的乡村，他讲授过制茶技术的地方，茶农据此培植出来的茶苗、制出的茶叶价格总是大幅上扬。在茶乡点头镇，像梅相靖这样的种苗、制茶能手一天天地多了起来，茶园面积达到8万多亩，仅点头镇每年销往中西部茶苗近80吨，春茶茶青量约1500吨，每公斤售价50—75元，茶农收入犹如芝麻开花节节高，日子犹如倒吃甘蔗节节甜。

（蔡丽军）

陈家铜：家乡茶香飘京城

17年前，陈家铜从有名的茶叶产地——福鼎市点头镇走向北京。17年里，他开过小门面，进过专业市场，也开过小茶楼。经历了无数次市场洗礼之后，如今他在北京拥有了自己的茶叶店和房产，在茶叶里淘得了自己的百万家业。

2008年12月4日，北京马连道茶叶特色街馨茗茶叶店。老板陈家铜坐在一个木制茶艺桌旁，正熟练地用各种茶具泡茶。他一身浅色休闲装，皮肤白皙，看起来更像一个茶艺师。

从茶叶产地"直销"供茶

在福鼎市点头镇，陈家是个大家族。和众多族亲一样，陈家铜一家都是靠种茶、炒茶生活。"我常看见村里人在地里辛苦劳作，又自己加工，但卖给茶贩子只有几元一斤，根本没利润。"

1992年，陈家铜辞去点头镇茶叶工作站的工作，创办了当时点头镇第一家私营茶叶企业，并在北京开了一间小小的茶叶店。一家人都很开心，把茶园全承包给别人，一块到了北京，专心开好自己的店铺。"这下好歹能摆脱面朝黄土背朝天的生活了。"陈家铜也以为，自己再不用与锄头打交道。

一个周末，他到附近的一家老乡开的茶叶店玩。蓦然发现，"不值钱"的家乡茶叶，竟标价几十元一斤。他又走访其他一些茶叶店，情形相同。为此，他又回到老家，在漫山的茶园中找到那些族亲，说好由他们定期供货，陈家铜则保证收的茶价格比其他茶贩子贵5%。有家乡茶厂直接供货之余，陈家铜再向点头镇周边地区批发销售，茶价比别人低，很快抓住大量固定客户。

一年之后，陈家铜赚到了他的第一个"一万元"。

崛起"京城茶叶特色街"

小店虽然赚了，但并不如想象中红火。1997年，陈家铜听说马连道将开设京城第一家茶叶专业市场。"那时大部分行业都是单店经营。我到建材市场和水果市场看过，只要是这种规范化经营的市场，卖什么都红火。"陈家铜赶紧拿着连本带利的2万元，在茶城市场抢租下50平方米铺面。

"有比较才有鉴别。"其他茶商大多向二道茶贩购买，由自家茶厂供货的陈家铜，批发价比别家低10%，再加上福建茶的招牌，很多茶商都认准陈家铜的茶叶。

2001年，家乡领导劝说陈家铜回乡投资，带动其他茶农致富。为此他在家乡采取"公司+农户"的模式发展了上万亩茶叶基地，专门生产销售福鼎白茶、绿茶、茉莉花茶。

在部分同行心目中，陈家铜做生意有些"少根筋"。一次，有个山西客商要陈家铜帮忙弄十几万元的"水货茶"，在进价之外多给陈家铜三万元。陈家铜马上摇头，"不行，消费者相信你，才买你的茶，不能骗他们。"那位老板发了脾气："你脑袋少根筋是不是，有钱都不晓得赚，又砸不了你的牌子。"

陈家铜"少根筋"的事，也在业内传开了。当地茶商说，陈家铜做生意坚持原则，虽然"少根筋"，却让很多人佩服，人缘很不错。

经历了无数次市场洗礼之后，陈家铜说，他正准备去承包下更多家乡的茶叶基地，让"福鼎白茶"深入人心，香飘世界。

（雷顺号）

张郑库：白茶健康倡饮者

　　自小就对军人生活充满了渴望的张郑库，1978年2月经过自己的努力，终于如愿以偿，成了一名军人，开始了他3年的军人之旅。1981年1月，光荣退伍。在部队服役期间，表现优秀，曾三次获得嘉奖和"一级技术能手"称号等。

　　在经营茶叶之前，张郑库在福鼎市农业局担任助理会计师，之后担任福鼎市自然香茶厂厂长，在工作中，他多次获得优秀助理会计师、省先进工作者等荣誉称号，这样的平静生活并没有使他感到满足。1984年，在改革开放浪潮的影响下，国有企业的茶销路越来越受限制，这样的局面使张郑库毅然做出了下海经商的决定，茶叶成了他的主要经营对象。1988年，

白茶萎凋

他在浙江签了一笔总金额达 8 万元的绿茶生意，收获了经营中第一桶金。

随着生意越做越大，张郑库开始将目光转向了北京市场，1992年他来到北京，因为没有门路，他自己买了辆二手车去各个单位联系，被拒绝还要很礼貌地不断与人沟通。在不断的坚持中，他终于有了自己的收获，在1993年的时候找到了一个很小的地方，作为自己的地盘。随后，他的生意也逐渐红火起来，根据京城经营环境的改善，他也不断改变自己的经营策略，最终确立了主营白茶的生意特色，2002年，他的东南白茶有限公司成立，他也完成了从厂长到董事长的转型。

对于北京市民来说，红茶、绿茶、花茶可能都不陌生，但提到白茶，了解的人可能并不多，然而就是在这种低知名度的情况下，张郑库却将白茶定为自己的主营品种。对此，张郑库有他自己的道理。

2001年的时候，京城的茶品种猛增，这也使得张郑库的茶生意急需转型，在调查中，他发现在福建闽东一带的百姓发烧、牙疼、出麻疹等都不去医院，而是靠喝当地种植的白茶茶水来祛病，同时，根据国外一些专家的医学研究发现，茶叶中含有多种成分对身体有益，甚至可以达到抑制癌细胞的作用。这样的发现让张郑库兴奋不已，为了让更多顾客在喝茶的同时拥有健康，在他脑海中，一个新的计划逐渐成形。经过了各种困难和挫折，在朋友的帮助下，他的白茶公司终于在2002年成立。

而现在，提到白茶，张郑库依旧会满怀热情地向你介绍白茶的各种功效，从他介绍白茶的口气中，可以使人感受到他倡导饮白茶带来健康的急切之情。

2002年以后，随着京城市民茶消费的逐渐普遍和走高，茶商也越来越多，竞争也愈加激烈，尤其是大众对铁观音、普洱茶等情有独钟的时候，白茶的生意也面临着严峻考验。

对此，张郑库有他自己的应对策略，公司成立伊始，他便采用群众宣传的营销策略，用了500份白茶免费发送给消费者，特别是针对一些血压偏高、血糖偏高的消费者，对其进行重点了解，之后通过对他们的跟踪记录和反馈意见对产品进行改进，使尝试过白茶的人都普遍接受了白茶。这样一来，白茶渐渐有了自己的固定客户群。

在国内热销的同时，张郑库还积极利用现代技术，在互联网上认识了许多外国朋友，他们也对张郑库的白茶很感兴趣，通过北京的窗口对白茶进行了解后，再到他的生产基地进行考察。张郑库凭着其产品过硬的质量和诚信经营的原则和许多外国客户做起了生意。张郑库的生意也越做越好。

在生意红火的同时，张郑库重视的仍是饮茶给市民带来的健康，目前，他正在呼吁国家立项研究茶叶的医学价值，以使更多的消费者更加深入地了解茶的健康功效。而张董事长自己也在不断突破产品的质量水平，在他的带领下，东南白茶全体员工上下同心，取得了一次又一次的成绩和荣誉称号。公司产品多次在全国性茶叶质量评比中荣获茶王、金奖、银奖等称号；公司的白茶被评为福建省名茶；公司产品多次为全国政协会议提供白茶，并得到委员和专家们的一致好评；公司已获有机茶认证证书、宁德市知名商标、国家质检总局授予"多奇"牌福鼎白茶原产地产品地理标记证书、中国三绿工程放心茶中茶协推荐品牌、中国茶业博物馆馆藏标准名茶、"2009年度白毫银针指定供应商"、宁德市龙头企业。

作为福建福鼎东南白茶进出口有限公司董事长的张郑库本着"东南白茶，诚信天下；多奇品质，引领健康"的经营理念，以顾客至上为宗旨，以诚信赢得客户芳心，以最上乘的质量，最优质的服务，不断壮大公司实力，让更多的消费者喝上放心的白茶，让消费者在享受饮茶带来欢乐的同时，更能获得一份健康。

（雨　田）

一批白茶村企的异军突起

　　茶业规模壮大了，但要是没有龙头企业的带领，必定走不远。先进科技的应用，也要龙头企业的引领，才能飞得快、飞得远、飞得高。龙头企业上联市场，下联千家万户，带动产业，带动致富。务必要培育好茶叶龙头企业，加快推进茶叶产业化步伐。

　　改革开放以来，福鼎茶叶重点乡（镇）、村茶企业在全国各地开设茶城、茶庄、茶店1000多家，拥有上万人的营销队伍，是福鼎茶市最活跃的生力军。大量茶叶企业走南闯北，带动了家乡的茶叶基地建设和茶产业链的延伸，这些对福鼎茶产业的发展和茶农增收都产生了明显的带动作用，形成了"建一个（企业）组织，兴一个产业，活一方经济，富一批农民"的新格局。

第九篇

点头镇：茶贸富镇茶企强镇

又是一年绿满山。对农民来说，这种颜色则意味着希望、收成、小康、安乐……2010年4月13日，细雨蒙蒙。节气虽然快到谷雨，但遭受"倒春寒"的中国白茶第一镇——福鼎市点头镇却迎来一颗颗新芽，采茶季节进入旺季了。防灾、组织采摘、流水作业、装运、打开销路……到处一片忙碌的景象。

点头镇茶叶交易市场一瞥

作为福鼎大毫茶、大白茶的故里，经过多年的发展，茶产业已成为点头镇的支柱产业，是该镇农民增加经济收入的主要来源。近几年来，该镇紧紧把握福鼎市委、市政府加快茶业发展的机遇，充分发挥产业、资源、区位三大优势，坚持茶叶立镇、茶贸富镇、茶企强镇战略，充分调动政府、市场、企业、农户四位一体的积极性、创造性，不断夯实产业基础，强化产业发展措施，着力打造闽东白茶产业第一大镇。

实施良种繁育　壮大产业规模

　　良种是茶叶实现高产、优质、高效的基础。点头镇地处太姥山脉北段，依山傍海，多丘陵，土质肥沃，温度适中，雨量充沛，所产茶叶久负盛名。早在1988年，该镇的大白茶和大毫茶先后被《中国茶树优良品种集》列为华茶1号、华茶2号。目前，该镇现有茶园达35827亩，面积居福鼎市各乡镇首位。

　　该镇历来重视茶产业基础建设。2006年农业部《关于天津市蓟县中国智利示范农场等22个园艺作物良种繁育基地项目可行性研究报告的批复》(农计函[2006]134号)中，同意点头镇申请国债资金520万元，地方配套267万元，在大坪村建设国优茶树良种繁育基地800亩。如今，良种茶在名茶生产中发挥的效益已日益凸显，该镇以福鼎大白茶良种茶树种苗繁育基地建设为契机，积极宣传发动柏柳、大坪等村群众不断扩大良种茶苗种植面积，福鼎大白茶品种繁育、示范和推广能力得到不断提升。

　　柏柳村村民林宝泉就是众多受益者之一。"我种植茶苗已经许多年头了，经过改造整合的苗种基地大大提高了茶苗收成。"去年，林宝泉种植了10亩茶苗，纯收入近10万元。今年，他的10亩茶苗也即将出圃。在柏柳村，像林宝泉这样的茶苗种植大户就有20多户。

　　效益是最好的宣传。在政府的引导下，该镇迅速形成农民家家户户种茶、制茶和经营茶叶的浓厚氛围。据统计，该镇农户80%的家庭收入来自茶叶，有5000多人直接从事茶叶的生产和营销，有8000多人获得了季节性的就业机会。2009年全镇茶叶采收1.5万吨，产值1.2亿元，茶叶产量、产值双双居全市首位。

实施绿色战略　推进茶叶立镇

　　随着人们生活水平的不断提高，人们的健康意识日益增强，食品的安全卫生问题越来越引起人们的关注。茶叶作为饮品的重要原料，其卫生状况也日益引起人们的重视。进入新世纪，茶叶市场的竞争更加激烈，人们对茶叶的安全要求也越来越高。自上世纪60年代福鼎大白茶被国家认定为"华茶1号"地方良种起，该镇就立足资源优势，实施绿色战略，推进茶叶无公害化。

2007年9月，点头镇专门成立了点头茶产业发展领导小组和观洋茶叶项目领导小组，党政一把手亲自抓强化了茶产业的领导，对茶叶基地、茶叶加工基地、茶叶流通市场的建设等方面工作做好协调。紧接着，在点头镇永香茶厂、鸿兴茶厂、泰福茶厂和馨茗茶厂4家茶业企业联合努力下，大坪、翁溪、郭岭、柏柳四大产茶区域实施改造2万亩无公害茶园示范基地，并成功通过农业部及省农业厅绿色食品认证中心认证，成为全市规模最大的无公害茶叶示范基地，其中获得有机茶认证的茶园达近千亩。茶叶农残得到有效控制，使茶叶农残量16项指标均达标，产品质量已达到欧盟标准。

实施品牌战略　推进茶贸富镇

冬春更替之际是"福鼎大白茶"茶苗起苗的最佳季节，也是点头镇最热闹的时节。来自四川、湖北、湖南、贵州、广西等省份的客商纷纷赶到茶花交易批发市场调运种苗。据介绍，福鼎大白茶具有耐寒、耐旱、产量高、品质好等优良特点，在全国尤其在中西部17个省份畅销，点头是福鼎大白茶产地，在福鼎市每年销出的1亿株种苗中占70%以上的比例。

扩大茶叶交易市场规模一直以来是点头镇政府发展壮大茶产业的一项重大举措。2000年，该镇用地70亩，总投资1500万元，建成闽东最大茶叶市场——闽浙边界茶花交易批发市场。市场内设有茶青交易区、茶干交易区和茉莉花交易区，交易摊位90个，交易店面80间，可容纳交易客商2000户，茶市高峰时交易人数上万人，实现茶青日交易额达80万元，茶干日交易额达60万元，茶干年交易量8000吨，年交易上亿元。茶花市场吸引了全市大部分乡镇及周边霞浦、柘荣、福安、寿宁和浙江泰顺、苍南等县市的茶青茶干纷纷流入茶花市场进行交易。

在茶花市场附近该镇还建成了特种工艺茶交易一条街，开发生产出80多种工艺茶系列产品，其中"白毫银针"、"文洋翠芽"分别获得"中国太姥杯茶叶品质大奖赛"、宁德市名优茶质量评比大奖赛"茶王"称号等。这些特种工艺茶深受外地客商青睐，产品远销全国各地市场，有的还出口到日本、韩国及东南亚国家和地区。

点头镇还十分注重培育茶叶营销队伍建设，目前拥有3000多人的茶叶营销队伍，在全国各大中城市开办茶庄1000多个，充分发挥点头镇珠茶同业公会、点头籍商联谊会的作用，积极拓展茶叶市场，实行产、供、销一体化，促进了点头镇茶叶经济迅猛发展。

实施招商战略　推进茶企强镇

招商引资是扩大茶产业生产规模的重要举措，也是增强茶产业发展的后劲关键所在。点头镇充分发挥原产地优势，把招商引资作为全镇工作重点，制定出台多种优惠政策，充分利用点头在外茶商、乡贤，坚持以情招商、以商招商，积极引进培育龙头企业。

2009年，点头镇与台湾嘉义县阿里山乡签约开展茶产业发展合作。目前规划500亩作为观洋茶叶加工展销区，第一期100多亩已完成征地、报批及挂牌出让工作，6家茶企业动工兴建。据了解，2007年以来，该镇先后引进了北京中茶府茶文化有限公司、福建省夫妻峰茶产业有限公司、福建省天丰源茶产业有限公司、芳茗茶叶有限公司、云鼎茶叶有限公司等上规模茶叶企业在观洋茶叶加工集中区落户。

在标准化加工厂的示范带动下，该镇抓紧推动茶叶生产的无公害标准化进程，发展茶叶加工大户和企业，全镇近150家茶叶加工企业逐步走向正规化。据介绍，今年该镇将继续通过依法关闭、限制整改、转产调整、提升改造等方法，加快淘汰一批高能耗、高污染、高投入、低效益的产业，抓好茶叶加工企业的培育扶持，整合已取得QS认证的中小茶叶加工企业进区落户，促其上规模上档次，实现工业布局的合理化、产业发展的有序化、资源利用的节约化。

（雷顺号　汪晶晶　朱乃章）

白琳镇：一茶繁荣满园春色

"能以一叶之轻，牵众生之口者，唯茶是也。"

从唐代款款而来，悠悠茶香已经在福鼎白琳这个闽东茶业重镇萦绕了上千年。作为"白琳工夫"、白茶、新工艺白茶的发祥地，在如今的白琳镇，茶叶的魅力已远远不止于"牵众生之口"，而是"牵"起了包括种茶、制茶、售茶乃至茶文化、茶旅游等方方面面的亿元产业，繁荣着一方经济。

品质、品种、品牌，茶产业"三辆马车"齐头并进，引导、服务、扶持源源跟进，白琳镇把茶业这项惠及千家万户的增收产业、民生产业书写得淋漓尽致，创下了一个又一个茶业之最：全镇共有茶园面积3万亩，白茶种植面积、产量、产值全国最大，制作出全国首台白茶自动加工生产线，拥有全省唯一的省优歌乐品种茶叶基地，首开福鼎乃至闽东先河以"企业+基地+农户"模式试行茶叶基地，白茶生产量占福鼎市的45%等等。2008年白琳镇实现工农业总产值17.2亿元，位列福鼎市该年度乡镇经济发展水平首位。其中，仅茶青一项年产值就达1.8亿元。

金秋十月，循着悠然茶香，记者走进白琳镇，感受着这千年茶乡散发的无限生机和活力……

品种调整白琳茶业添丁增效

在白琳镇，言茶必称"白琳工夫"。作为"白琳工夫"茶的发源地，白琳镇这块响当当的金字招牌，迄今已有150多年的历史。据说，在上世纪"白琳工夫"鼎盛时期，白琳镇老街36家茶行一字拉开，"白琳工夫"茶经由沙埕港、福州港、马尾港、广州港等口岸，运抵香港，再出口至英

采茶

国及东南亚等国，并成为英国皇室的特供茶，与"坦洋工夫"、"政和工夫"并称福建三大工夫红茶，在国际市场上享有盛誉，繁华一时。位于白琳镇翠郊至今保留完好的吴氏茶人百年大宅，足见白琳茶道昔日的辉煌。此后的多年间，"白琳工夫"虽在抗战烽火及新中国成立后红茶改绿茶等历史变革中沉浮起落，但依旧延续着无限风光。

玫瑰一枝秀，岂是满园春。在继续发展"白琳工夫"这个金牌茶叶的同时，白琳镇党委、政府铆足干劲在调整、优化茶业品种结构上下足了工夫，引导茶农改造老茶园、发展优质茶叶，多元化发展格局日显成效。继"白琳工夫"红茶之后，新工艺白茶异军突起，高香型乌龙茶的种植发展更是让白琳"茶叶家族"兴盛不衰。当然，从中受益的还是孜孜耕耘的广大茶农。白琳镇牛埕下村曾是个以种植福云6号、本地老茶种为主的茶业村，虽拥有600多米海拔的地利之势，但老化的茶树、低迷的效益，茶农增收一路徘徊。在政府部门的致力引导扶持下，村民大刀阔斧改造老茶园，200多亩高香型优质品种茶园应势而生，每亩收入从原先的千元左右一路跃升至8000元，茶农喜上眉梢。

尝到茶业品种结构调整甜头的不仅仅是牛埕下村。近几年，白琳镇以牛埕下村为茶叶品种改良示范基地，以翁江村为茶叶新品种培育基地，带动发展紫心观音、黄观音、金观音等高香型乌龙茶面积3000多亩，同时建设100多亩持嫩性好、发芽齐、高产优质的省优歌乐品种基地，为全省唯一的省优歌乐品种茶叶基地。据了解，白琳镇现有茶园面积已3万多亩，白茶、绿茶、白琳工夫红茶、乌龙茶、花茶及手工制作茶等多元化品种结构日趋成熟，茶产业增产增效步履从容。

品质提升白琳茶业强筋健骨

品质是茶产业发展的生命线。白琳镇从严格控制茶叶农残量入手，建立长效监管机制，保证茶叶产品质量。镇里一方面加大对茶农素质宣传教育，倡导科学选药、适时用药、施生物药，改进施药机具和方法，提高茶农产品质量意识。另一方面，镇里联合工商、农业执法等部门定期不定期对镇区农药市场进行巡查、监管，杜绝高残毒农药上市，从源头上堵塞农药污染源，提高茶叶产品质量。一分执著，一分收获，连续八年来该镇茶叶质量农残量抽查合格率均达到百分之百。镇里还首开闽东先河，推出"公司+基地+农户"模式，由公司介入，通过发放生物农药、全程技术指导、定点并对达标茶叶以高出市场价格12%的高价进行收购等举措，引导茶农大力发展优质茶叶，并逐步向高海拔、无污染的地区集中，促进茶业质量提升。

千年茶缘，骨子里充满拼搏、创新精神的白琳人并没有就此满足。镇里出资聘请省农大师生成功完成了八氯二丙醚—S421降解实验，叩开茶叶出口欧盟市场的大门。目前，全镇3万亩茶园中，有60%的茶园已达到出口欧盟标准。

据了解，白琳镇现有茶叶加工企业120家，有机茶面积1600亩。其中，2家企业共1000亩有机茶面积通过瑞士IMO论证，1家企业600亩有机茶面积通过国内有机论证。此外，有6家企业通过QS论证，拥有福鼎市首个生态茶叶绿色食品基地3000亩，无公害茶园面积1.8万亩，高香型乌龙茶品种3000亩，优质茉莉花基地1500亩。白琳茶叶公司、绿源茶叶公司成为福建省茶叶出口公司定点出口基地，裕荣香茶业成为湖南省茶叶公司定点出口基地，春隆白茶公司成为浙江茶叶公司出口基地，郭阳茶场成为武汉茶叶出口公司定点基地，岭头坪茶场成为福建省茶科所新品种培育基地，这些都为白琳出好茶做出了底气十足的注解。

品牌打响白琳茶叶香飘四海

质量是前提，品牌则是实现最大附加值、促进茶产业永续发展的动力。在经历市场经济和国际贸易的双重锤炼之后，白琳茶产业逐渐告别了千百年来茶农自种自制自销的传统模式，取而代之的是"公司+农户+基地"的分工合作模式，富有远见的白琳人瞄准了品牌发展道路。

围绕茶产业品牌战略，白琳镇出台相关奖励政策，鼓励茶叶企业创品牌、打品牌，对获得全国性金奖的企业给予一万元奖金，对获得省级金奖的企业给予五千元奖金，并执行到位。目前，该镇已有两家茶企分别捧走了国家级、省级奖项的相应奖金。同时，镇里还积极组织企业远赴北京、上海、杭州等地参加各种茶事活动，进一步拓展白琳茶叶市场空间的同时，也极大地提高了白琳茶叶的知名度和美誉度。

品牌战略大行其道，一家家茶企脱颖而出。全镇涌现出了"绿源"、"鼎鼎香"、"裕荣香"等一批上规模、上档次、质量过硬的茶企商标品牌，遍布全国各地的茶叶专营店也如雨后春笋般成长起来，白琳茶叶香飘四海。

裕荣香茶业有限公司的崛起，就是白琳茶产业发展的一个缩影。十年之前，裕荣香茶业仅是一家家庭作坊式的茶叶加工厂，局促的车间、单一的产品，一年产值不过二三十万元。而今，裕荣香茶业已拥有4000多平方米的厂房，50多万公斤的年茶叶加工量，白茶、绿茶、花茶、工艺茶等30多个茶叶品种，2200多万元的年产值，一跃成为白琳茶产业的龙头茶企之一。同时公司还拥有自营出口权，600亩通过IMO论证的有机茶，并成为湖南省茶叶公司定点出口基地，企业发展成竹在胸。

据统计，白琳镇现有大小茶企120家，其中年产值500万元以上的7家，并呈现出逐年增长的良好态势，产业发展生机勃勃。

扶持服务白琳茶业如虎添翼

品种调整、品质提升、品牌打响，白琳茶业迅速崛起。这背后，同样凝结当地党委、政府及相关部门的大力扶持和悉心服务。

在白琳镇，大白茶、大毫茶覆盖全镇，几乎家家户户都种植茶叶，涉及茶农3万多人。作为这项动辄牵动千家万户增收脉络的民生产业，白琳镇高度重视、全力以赴。镇里不仅把发展茶叶生产列入乡镇工作重要议事日程，作为全镇农村工作的第一工作会议内容，制订茶叶工作年度计划和中长期发展规划，每年至少三次以上专门研究茶叶工作，同时成立专门领导小组，加强对茶业发展的领导，营造茶业发展的良好环境。

镇里在配备高级农技职称的专职领导来分管茶业工作的同时，成立茶叶技术指导站配合农村联动中心，高级技术人员济济一堂，开通两部便农热线电话，服务到田头、车间，为茶农、茶企有效做好茶叶产前、产中、产后"一条龙"服务。同时与省农林大学茶学系"联姻"，将该镇作为茶学系学生实习基地，定期邀请高校师生进行技术指导，为茶农发展解疑释惑。在该镇的大力帮助下，当地的春隆白茶有限公司就成功制作出了全国第一台白茶全自动加工生产线，企业生产如虎添翼。

做足服务文章，政策引导、扶持，白琳镇也不遗余力。在调整茶叶品种结构上，镇里对发展高香型优质茶叶的每亩给予一定资金补贴，对带动千户以上茶农发展的茶企、对获得省级以上金奖的茶企，同样也给予重奖。镇里还筛选确定60多户发展茶叶20亩以上的种茶大户，在技术、资金、政策等方面给予倾斜扶持，并确定20名以茶叶为主的农村致富带头人，带动广大茶农增收致富。点滴真情，让茶农、茶企心头暖意融融。

天时、地利、人和，在拥有悠久历史文化积淀、坚实产业基础的白琳，我们有理由相信，白琳茶业的前景将更加美好！

（王志凌）

柏柳村：打造中国白茶第一村

　　柏柳村是福鼎白茶的原产地，也是点头镇的重要产茶村之一，为打造"中国白茶第一村"，实现"强村富民"的愿望敲出了最强音。

　　柏柳村有着100多年的茶叶生产历史，传说是孝子陈焕于太姥山上取得白茶母株，开始进行家庭种植，并在全市范围内得以推广。该村由20世纪70年代的400多户人家，发展到目前的500多户；由70年代的10户人家的茶叶收入不到600元，发展到现在每户年收入20万元左右；由70年代的一个以茶叶为主要出路的小山村，孕育出一个"中国白茶第一村"的梦想。

　　2010年4月3日，天空下着蒙蒙细雨，到处湿漉漉的，夹杂着空气里的寒意，不时心中有点颤抖。这个"清明时节雨纷纷，路上行人欲断魂"的时令，并没有阻止柏柳村茶农的脚步，他们手挎茶篮，迎着斗笠下方"滴滴答答"的雨水声，采摘着头春里一片片挂着雨珠的嫩绿的茶叶。

采茶

205

10户人家茶叶收入不到600元

当记者来到这个普通不过的村庄，眼前一片静谧，路边成片的田地，盖着黑色的网帐，里边是年内刚刚扦插下的茶苗。

梅老的家就在通村的公路边。梅老是柏柳村元老级的茶农，尽管已是古稀之年，然而精神奕奕，行动灵便。梅老告诉记者，他1973年就已经在该村的集体茶场工作，掌管着全村150亩的茶叶种植、采收工作。1979年至1984年在镇办茶场工作。这一阶段当地的茶叶生产规模一直无法扩大。这个当时400多户的村庄，要求230担的茶叶生产量都无法完成指标。

直到1982年中国开始土地个人承包经营，农民自己开荒种植茶叶，茶叶的种植面积有了一点扩大。由于当时该村的主要生产收入还是依靠粮食，茶叶还未成为家庭的主要收入来源。当时茶叶的种植面积很小，平均每户家庭可拥有茶园1到2亩地，并且当时采用的依稀分散的种植方法，茶叶的亩产量也很低，从而限制了农民的茶叶收入。因此，当时平均10户(生产小组)家庭中，依靠茶叶的收入一年不到600元。

为了提高当地的白茶产量，20世纪70年代末，点头镇及该村派了若干名代表前往湖南一个茶叶种植大县考察茶叶种植方法，随后带回来了被当地人称为"免工茶园"，即密植高产茶园的种植方法。此前，县农业局还为该村聘请了一位从安溪县来的专业茶叶技术员，指导茶苗的扦插技术，从而使得当地茶叶的亩产量及白茶的品质得以大大的提高。

现在每户年均收入近2万元

随着改革开放，发展市场经济，农民生产积极性极大提高。许多惠农政策的出台，特别是近几年国家免除了特产税、鲜活农产品"绿色通道"全免通行费、扶持化肥生产等有利于茶叶生产的政策，以及不断趋良的茶叶市场，不断提高了农民的生产效益，使得茶叶逐渐成为该村的主要经济收入。

"前一段时间，福鼎（点头）开茶节的举办，大大提高了点头镇作为福鼎白茶生产基地的知名度。"梅老告诉记者，这几年福鼎市政府极大关注着当地的茶业发展，为柏柳村迎来了契机。为了鼓励农民发展茶业，市政府大力提供技术辅导，鼓励农民减少使用化学农药，提高茶叶品质。推行农村联保，加强农村金融服务，增加支农贷款额度，为当地茶叶企业注入资金力量。在媒体的宣传上，在打造当地的茶叶品牌上不遗余力，福鼎白茶相继获得"中国驰名商标"、"白毫银针"入选世博十大名茶，为该村的茶叶发展打造了极好的外部环境。

目前，这个拥有500多户的行政村，其门前屋后，到处种植着茶叶以及茶苗育秧。该村也不再是以往的茅房木屋，一条水泥浇灌的通村公路贯穿全村，公路两旁许多4层楼的砖房，排队似的沿路而起。村里也办起了3家茶叶加工厂，可以消纳村中大半的茶叶。现在柏柳村80%的村民主要从事茶叶种植，平均每户家庭拥有茶园十几亩，每年茶叶产量高达3000担，每户家庭年均收入2万元左右，有的家庭仅茶叶采收一项，一年收入可达5-6万元。此外，该村还推广了茶叶育苗250多亩，从而进一步增加农民的增收渠道。现有近10户的村民在广东、北京、上海等地，常年从事茶叶交易生意，有50-60户家庭受益于茶叶的发展。

打造中国白茶第一村

我们知道，世界白茶在中国，中国白茶在福鼎。而点头镇柏柳村正是福鼎白茶的发源地，有着"中国白茶第一村"的美誉。该村依托福鼎白茶工艺制作传承人的制茶工艺，正准备打造出一个高品位的福鼎白茶品牌。

去年该村专门成立了福鼎柏柳村白茶专业合作社，与福鼎天湖茶业有限公司合作，专门服务于茶叶集体收购，协调茶叶市场价格等。今年2月又成立了梅氏茶叶合作社，注册资金110万元，现有在册成员112人，福鼎福香茶厂为该社的成员单位。该合作社拥有福鼎大白茶、福鼎大毫茶有机茶园基地2800多亩，是集生态种植与管理、茶叶成品加工、销售为一体的农民专业合作经济组织。目前正式注册"梅山银针"、"梅山红茶"两个品牌。并且在海拔800米以上的梅山开发了30多亩的原生态白茶基地，研发白茶原生态种植技术，以提高白茶品质及产量。该合作社力图通过统一施肥、用药标准、统一的茶叶制作工艺、统一的品牌销售，以带动和服务全村白茶发展之路，打造属于该村所有的白茶品牌之路。

据柏柳村支部书记介绍，随着几年的努力，目前柏柳村的白茶已达到无公害茶叶的生产标准，接下来，将准备发展有机茶，不断提高当地的茶叶品质。此外，该村计划通过茶叶品种改良，促进茶叶提前发芽，发展早春茶，提高茶叶市场单价，进一步促进农民增收。为了让白茶实现该村"强村富民"的愿望，该村计划与企业联合，开辟茶叶生产示范基地，推广"公司+基地+农户"的茶叶经营模式，推广茶叶种植、加工新技术，拓宽茶叶交易渠道，扩大茶叶市场份额，将茶业做强做大。

（廖诗雄）

棠园村：一株白茶全村希望

记者走进福鼎市白琳镇棠园村，极目远眺是一垄垄绿油油的茶园。人间四月天，正是草长莺飞、万物复苏的季节，在春天巨手的推动下，处处生机盎然。茶农们心里比谁都清楚：这绿油油的茶园对他们来说将意味着什么。

一场春雨过后，这座略显偏僻的小山村更显得静谧与清新。但满山遍野茶农的欢笑声、雨点落在茶叶上发出喳喳声响以及偶尔头顶上飞过的布谷鸟声音，构成一幅优美的乡村动态水墨画卷。尽管2010年3月9日那一场突如其来的"倒春寒"使茶叶减产不少，但在茶农们欢快的脸上我们读懂了他们正确应对自然灾害之后的舒心愉悦。

在棠园村口，绿竹掩映下有一座二层"小洋楼"显得特别抢眼，原来一打听才知，这座建筑全新的楼房是村委会办公楼。近几年棠园村在福鼎市高挺福鼎白茶品牌的大环境下，引导村民种植茶叶致富，村里财政收入逐年增多，村容村貌也大为改观。村民们说，在当地四五层的红砖瓦房或是钢筋混凝土结构的砖房不在少数。

茶苗培育

茶苗培育

　　村民张传立近几年通过多方努力，引种了8亩优良福鼎大白茶，有了这几亩茶园，他的生活发生了质的改变。每亩茶园每年按产生4000元经济效益计算，一年下来的收入至少有3万元。再加上他身为村委会干部，每个月还能拿到几百元的补贴费，这样下来，张传立一年的收入在4万元左右。"大儿子娶媳妇、小儿子读书、建房子、人情世故都在这茶叶里头呢！"张传立开心地向记者介绍。如今建了五层楼砖混房，日子过得一点也不比城里差。

　　今年开春罕见的"倒春寒"，使茶叶减产不少，像张传立这样的茶叶种植大户，从茶叶开采到清明节前的一个多月时间只采摘了大约2000元，自然灾害着实让茶农损失不少。但随着气温不断回暖以及回暖后茶叶价格走高，所以许多茶农对今年的茶叶还是充满了信心。

　　在棠园村许多村民因为种植福鼎白茶，日子而过得红红火火。从该村走出来的制茶企业家林健，就是因为"一株白茶"使他从一个贫苦茶农的孩子，蜕变成福建省龙头茶业企业的老板。林健凭借着过人的胆量和智慧独闯京闽、新京马等国内几大茶业市场。10年时间，他的企业飞速发展，成为一家集茶叶种植、加工、销售、科研及出口为一体的省级农业产业化重点龙头企业，并一跃成为全国茶业行业百强企业，这让他对企业前景更加信念笃定。为了保证茶叶质量，林健采取"公司+基地+农户"的形式在本村以及管阳等地建立了自己的茶叶基地。在当地政府的支持下，福鼎白茶不仅打开销路、创出品牌，而且还带动了当地一大批茶农增收致富。

棠园村位于白琳镇西北部，是该镇少数几个种茶大村之一，全村茶叶种植面积达2000多亩，每户茶农都有五六亩茶园。村民们说，除了今年"倒春寒"这种极不正常的天气现象外，种植茶叶是旱涝保收能促进农民增收的经济作物。近几年来，福鼎市委、市政府对福鼎白茶宣传力度的不断加大，福鼎白茶在市场上不断走俏，茶青价格也逐年攀升。棠园村的许多村民纷纷回到村里，扩大茶园种植面积，增产增收。

"一株白茶"让村民们走上了致富道路；"一缕茶香"沁入茶农心脾，暖入茶人心田。

（曾云端）

品品香：大步拓展国内市场

2010年10月17日，品品香上海加盟店隆重开业。

自三个月前品品香首家标准化形象店在福鼎市区撩开面纱以来，短短时间，品品香分别有周宁加盟店、义乌加盟店、宁波加盟店相继开张。由品品香"织造"的一张可供复制的加盟网络已经全面铺开。

加盟行动全面展开

上海加盟店的成功开业，将成为品品香加盟商的一个典范之举。

上海是中国经济大都市，市场环境、市场氛围、市场竞争等都在中国首屈一指。开业当天，品品香店热闹非凡，并达成了多笔订单协议。"用自然、健康的福鼎白茶关爱上海家家户户，用浪漫、有品位的白琳工夫红茶慰贴上海都市白领。"成为上海加盟店的服务准则。

其实，自品品香首家标准化形象店在福鼎市区诞生后，清新自然的门面、古朴典雅的包厢、美观大气的装潢就成了品品香的一个招牌形象，得到了广大消费者的认可。而推向市场的品品香加盟计划，更吸引了全国各地茶商的踊跃加盟。

经过多年来的发展，现在的品品香以其地域环境、种植基地、加工生产、产品等方面的雄厚优势占据了茶叶市场的主导地位，产品远销国内外，也得到了市场的广泛认可。

随着产品声誉的提高，近年来，品品香品牌已慢慢在全国各地打开局面，在茶行业里立有一席之地。在企业文化方面，经过长期沉淀，公司以执著、淡定的企业精神，展示了"家有茶香，品品香"的品牌理念，并不断提升与更新企业文化，树立品品香品牌形象。在加盟店的设计上，透出了清新自然，又不失典雅的风范，带给消费者最舒心的享受。

参展带来无限商机

2010年11月中旬，又一茶界盛会在武夷山召开。第四届海峡两岸茶博会吸引了数万名来自海内外的同胞，特别是海峡两岸同胞。此次盛会上，主办方盛情共邀，以茶会友、以茶为媒，共同谱写"茶和天下"，同时也为品品香促成无限商机。而此次自我展示的机会，又让品品香正在进行的品牌推广之路增加了一道动力。

近几年来，全国各地的大型活动成为品品香大显身手的舞台。继2009年火热香港之后，2010年香港美食博览会及第二届香港国际茶展正式开幕，来自品品香的好茶，受到香港社会各界的广泛关注，前来购买、洽谈的客商不断。

在展会期间，品品香不断进行推广福鼎白茶文化、历史底蕴及保健功

手工分拣车间

效，让广大茶友在参观期间对白茶的了解更进一步，同时也享受到了品茗乐趣。

而厦门国际茶展则搭建了品品香国际交流平台。11月5日在厦门开幕的展会上，境内外221家企业莅会参展，其中境外企业78家。堪称目前中国内地专业茶业展中规模最大、内容最全的专业茶业盛会，品品香作为福鼎白茶企业代表参展团的一员，在为期4天的展会中，与马来西亚、斯里兰卡、意大利、美国等世界主要产茶区的业界同行在茶业的发展合作方面进行了密切的交流，外来客商表现出对福鼎白茶浓厚的兴趣。

各种参展活动为品品香赢得了众多荣誉。仅在2010年举办的各次茶叶质量评比中，品品香就夺得"宁德市第四届茶王赛白茶类茶王"、"第二届太姥论茶最佳口感奖"、"宁德市第四届茶王赛红茶类金奖"等。其茶艺表演宣传在上海世博会宝钢大舞台、福州百名记者话白茶品鉴会上，得到了来宾的大力赞赏。

在历时三天的第四届海峡两岸茶博会上，品品香品牌整体形象上赢得了业界人士的认可，还与武夷星茶业公司结盟打造茶业一流品牌，此举为品品香的发展之路铺开了一条华丽大道。在茶博会签约仪式上，品品香成功与香港中华茶叶控股有限公司签下合作协议。在整个签约过程中，各大媒体争相采访报道品品香有限公司董事长林健。

近年来，品品香茶业发展迅速，在淡定中积极创新，在执著中踏实奋进。仅2010年，品品香就向市场推出"孝道一品"系列、"好心情"系列两款新品，备受市场青睐。而品品香倾力打造的第三个系列"家家乐"也正在紧张设计之中。

随着福鼎白茶知名度、美誉度的不断提高，品品香在市场上的影响力也在扩大。随着福鼎白茶荣获中国驰名商标、中国上海世博十大名茶、中国名牌农产品，品品香也被评为福建品牌农业企业金奖、国家级标准化示范基地等。目前"品品香"中国驰名商标、福建省高新技术企业正在申报。美誉度的提高，更为品品香夺得国内更大的茶叶市场奠定了基础。

（雨　田）

广福：带领茶农共同致富

　　走进磻溪湖林村的广福茶厂，扑鼻而来的是阵阵的茶香，耳边是轰鸣的机器声，工人们正忙着晒茶……从一个倒闭的国营茶厂，经过20年奋斗到如今，建立起3万多亩无公害生态茶园基地，带动2万多名茶农脱贫致富的规模化生产的茶业公司，也正是由于该公司的出现使得过去茶农在家等着茶贩上门以低廉价格收购毛茶，变成了今天厂里以高出市价1-2毛钱的价格敞开收购，不仅带动了该村茶产业大发展，而且为山区农民脱贫致富奔小康创造了无限生机。而这一切的背后都源于从湖林村走出去，被乡亲们亲切地称为茶乡致富带头人的福建省广福茶业有限责任公司总经理林型彪。

　　坐落在磻溪湖林村的福建省广福茶业有限责任公司是由原福鼎市国营茶厂湖林分厂改制而来，1993年国营茶厂倒闭，林型彪将其收购。福鼎磻溪镇素有"福鼎西伯利亚"之称，这里山高路险，地广人稀，交通不便，信息闭塞，是福鼎市经济欠发达的乡镇之一。但这里山清水秀，植被茂盛，气候宜人，是福鼎白茶的主产区，也是建设有机茶园的理想基地。1996年，林型彪从经销茶叶中赚得第一桶金后，毅然决定回老家磻溪湖林村创办自己的茶叶企业。他投资150多万元收购了原福鼎茶业公司建在他家乡湖林的

企业产品

已经停产近10年的福鼎第二茶厂，并对该厂已经荒芜多年的600多亩茶园重新垦复改造。从那时开始他把自己分成两半，每年春夏之间不停地在自己创建的3000多亩茶园和8家茶叶生产企业中奔走，指导茶农生产，管理生产企业的产品质量；一到秋冬时节他又忙于在国内国外飞来飞去，不断在国内开设分公司和连锁经营店，与国内外客商洽谈业务，经销茶叶。到2008年底，他已在国内的广东、上海、北京、云南、新疆、湖南、广西、贵州等省市的50多个大中城市开设了8家分公司和70多家连锁经营店；在福建、广西、浙江3省的10县30多个乡镇建设8个茶叶加工企业，帮扶2万多户茶农建设3.6万多亩优质茶叶生产基地，形成了产供销一条龙、科工贸一体化的现代企业经营格局。

"现在厂里每天可收购茶青700多担，以前是小商贩来收购茶青的价格很低，我们厂的收购的价格比其他地方高1−2毛钱，而且厂里是敞开收购，有多少收购多少，毛茶价格上涨了，周边村的茶农也纷纷把茶挑来厂里卖。"该厂厂长吴思惠说。从1996年开始，他采取收购和扶持相结合的办法，在家乡湖林及附近乡村建设3000多亩的优质茶叶直控基地，辐射带动周边近万亩茶园。每年扶持茶农发展生产的资金400多万元，企业成了周边茶农的"信用社"。通过几年的扶持带动，广福茶厂所在的湖林村成了周围七村八社的"首富村"，2008年，全村农民人均纯收入达5124元，超过全市农民人均纯收入131元，群众从此迈上小康大道，大家从心里感激林型彪和他的广福茶厂。

2008年，林型彪的企业茶叶产量达到1900吨，出口1100吨，实现销售收入8500万元，上缴国家税收130多万元，带动20860户农民发展有机茶和名优茶，每年直接为农民增加收入1100万元，户均500元，直接转移农村富余劳动力200多人，帮助扶持四县（市区）20多个乡镇2万多农户从事茶业生产销售。福鼎白茶成为茶农心中的"摇钱树"，他也被茶区农民称为"咱们的财神爷"。但林型彪还有更大的"野心"，他说："我的目标是把福鼎白茶销到全世界，让我的乡亲从茶叶中受益，在茶业上致富，生活得更美好！"

（彭登笋）

郑源：奇茗源远艺传天下

一山之木，一盏之茗，一位知己，一生倾注。
几度春秋，几辈共求，几近至境，几何峥嵘。

——题记

陆羽的《茶经》中说："茶之为饮，发乎神农氏。"可以说中国那清远而厚重的历史卷册是氤氲着醇然甘回的茶香的。而茶具之始，至汉代起就与食具逐渐分离，显现了古人对饮茶一事的讲究，甚至略带虔诚的心态。而今，当生活的高度足以让人重新闻见茶香的百转千回，享受品茶的悠然清远时，关于茶的文化复兴，茶的产业起兴已悄然滋长而生。郑源，这个在20多年的时间里与茶和茶具相生相长的名字已镌刻进当代茶业的丰碑上。那一段源起至今不曾湮灭，和着愈加风行的饮茶之风不断演绎下去。郑源，"静生活，慢时尚"的理念，"做人茶心，奉献回甘；做事木本，朴质实干"的精神，昭示的是他们用时间践行积淀下来的企业传承文化。

忆往昔，岁月轻稠

郑源的从无到有似是一个偶然的契机，但又夹杂着必然的缘由。已届六十的郑源董事长郑传源先生在说起创业之初的因缘际会时，脸上所洋溢的神采，感慨中又带着点回味。那些往昔的记忆于他，似乎有着不凡的意义。他说，当时在茶业不甚风行的时候依然选择从事茶具的生产，一方面是由于台湾客商提供的一个机会，让他敏锐地捕捉到商机，决心一试。而另一方面，他寻思着要将自家父辈的"食茶"文化传承并发扬下去。他

郑源茶具

说他总记得家中父辈曾摆了十口大缸，以竹为瓢，让过往的农夫客商能够驻足解渴。而家中与茶相关的农作，也让他一直深受熏陶。就这样，郑传源在与台湾朋友的合作中，迈出了郑源茶具生产坚实的第一步。

在接到第一个订单的日子里，郑传源先生废寝忘食，夜以继日，在短短七天的时间内，凭着他高于常人的领悟力和执著的信念完成了任务。他说，那时他基本不懂茶具的选材、雕刻，但是又不想放弃，便自己带头学，手指头割破了数次，试验了许多木材，在一步步的实践中，他总结经验，熟练技艺，然后再传授给其他人。中国历史悠久的茶文化，给了郑传源很多茶具设计方面的灵感，古韵、温馨、大气是其茶具设计的主要方向。在这样的境地中，在这样的理念下，郑传源先生克服了种种困难，充分运用之前在供销社工作时积累的社会经验，将郑源这个名字逐步推向了当时并不成熟的茶具市场，在艰难的环境中亦步亦趋，但从不曾退缩。

郑源来自于郑传源先生的敏锐与专注，来自于他在草莱初辟之时，用筚路蓝缕，以启山林的决心和胆识开创的一片天地。曾经的岁月，更多的是郑传源先生视茶具为知己，倾心20多年的创业史。如今看来，在轻轻浅浅的回忆中，沉淀的是一段不断凝稠的往事。

问当下，能与谁同

90年代初的郑源，在经历了一次重大的危机之后，仿若置之死地而后生一般，在郑传源先生的远见卓识之下，又一次焕发了无限的光彩。而那时，经济的发展，生活水平的提高，政策的支持都为茶业生产创造了一个良好的大环境。这对于郑源来说是大展拳脚，实现超越的绝好契机。转战国内市场之后，郑源凭借丰富的经验、精湛的技术以及之前积累的一定范围的良好口碑，很快在后起的茶具生产企业中占据了优势。品牌的树立、形象的打造已初显成效，尽心尽力、兢兢业业的郑源人秉承着一贯的勤恳踏实、事必求精的作风，以"木为本，茶为媒，聚茶友"为使命，开拓创新，以昂扬的姿态步入了新世纪。

1999年，郑传源先生将发展形势如日中天的郑源厂址迁回家乡福鼎，这又翻开了郑源发展的崭新篇章。福鼎拥有十分丰富的茶叶资源，"福鼎白茶"的声名鹊起，假以时日足以与中国其他名茶比肩。在茶具生产已十分成熟的情况下，2004年郑传源成立了福鼎市郑源茶业有限公司，主要加工、销售白茶、红茶、花茶等茶叶。懂茶之人，对于茶，追求的是韵、味、境。如果茶与具搭配得当，则能让观者悦，品者醉。为了配套高档的茶具，茶叶生产加工的起点高，在整个生产过程中实现了茶叶不落地的高标准，并在初次参加首届中国太姥山白茶王大奖赛中荣获金奖、银奖。为了把福鼎白茶推出国门，郑源利用北京2008年奥运会在北京举办的绝佳时机，向世界展示了中国白茶的魅力。在第三届"人文中国、茶香世界"中华茶文化宣传活动上，郑源所生产的福鼎白茶荣获"申奥第一茶"的称号，企业被指定为"中国申奥第一茶白茶生产基地"和"2008年北京国际新闻中心"白茶特许供应商，企业也因此在国内外茶叶市场上一炮打响，屡屡创下良好的销售战绩。

当郑传源先生面对着公司展厅外的荣誉榜时，不无自豪地说："这些都是我们不断努力的结果啊！特别是茶叶，能取得这样的成绩，是别人想不到的。"郑源的产品，无论是茶具还是茶叶，都能保证品质。在竞争如此激烈的市场中，郑源的产品依然供不应求。郑源目前是国内最大的生产高档茶具的厂家，这是郑源人用二十三年的时间缔造的一个传奇。看今朝，问当下，行业之内，试问有几人能与之同呢？

展蓝图，波澜壮阔

郑传源先生说，台湾著名的茶企——天福一直是他的榜样和目标。诚然如此，郑源与台湾茶企一直保持着密切的联系，将他们的工艺和成熟的企业运作用到自身，现下每一步的成长都是朝着综合性的大企业前进的。只有这样才能将茶文化的内蕴全面而系统地呈现在大众面前，"以茶会友，汇聚财富"这是郑源一直贯彻执行的核心价值观，在获得企业应有经济效益的同时，更能实现意义非凡的社会效益。目前，郑源在北京和广州都拥有自己的门店，而全国的经销商则数以百计，显示出了市场对郑源这个品牌的认可度。对于未来的规划，我们在这位已过花甲的企业家身上依然看到了不输年轻人的雄心壮志。他的睿智，他的经验，他的理念为郑源描绘了一幅波澜壮阔的蓝图。

在继茶具和茶叶的生产制造后，2011年，郑源将推出茶点产品。这一举措不仅进一步发展了郑源的产业链，更为福鼎当地的经济带来了一大动力。郑传源先生说，他将结合白茶与太子参来进行茶点生产，这两种原材料都可就地取材，节省了一大部分成本，又能为当地的茶叶和太子参种植户创造更高的经济效益。除此之外，郑源还将充分开发福鼎当地的毛竹资源，深加工成各类用具，如竹芯、竹枕、竹筒、茶具七件套、竹碳、竹雕等，同样能为当地经济起到一定的推动作用。另外，今年的另一项重要举措便是联合台湾的茶叶制作工艺师，推出新的白茶品种，也就是将白茶的茶芯以下的二三片叶子制作成白琳功夫红茶，其香陶然怡人，其味醇厚甘甜，其色澄清如蜜，多次冲泡之后依然能令人回味无穷。这一产品的推出将是郑源茶业工艺的一大飞跃。

茶具、茶叶、茶点，就地取材的资源利用加工等，这些是郑源企业发展的基石和依托。在郑传源先生的脑海中，郑源的未来之路，他似乎有着明确的规划。他说："时代不一样了，喝茶、品茶已经越来越普遍，而茶具和茶叶不仅是有实用价值，更重要的是他们的美学价值、文化价值，甚至收藏价值。"他对自己有信心，对郑源有信心。让我们一同期待郑源"茶木泽福天下"愿景的实现。

（雷顺号　苏晶晶）

天毫：年轻茶企突围崛起

　　与那些已有十多年甚至数十年创业积累的茶企不同，天毫茶业有限公司还很年轻。从2006年3月1日正式注册创办开始，满打满算也才五年半时间。不过在当前为数众多的福鼎茶企业中，天毫茶业无疑是最受关注的茶企之一，并在同行中占有颇具分量的一席之地。总经理林心坚在介绍五年多来的创业经历时感触颇深："机遇，是为有心人准备的；机遇，更是为敢作为的人准备的。如果不是有了中国茶产业的欣欣向荣，如果不是地方政府对茶产业发展的高度重视和大力扶持，如果不是福鼎白茶近几年来的声名鹊起，如果不是在机遇来临时敢想敢闯，天毫茶业就没有今天这样的发展局面。"林心坚因此内心充满了感恩，他认为是时代给了他机会，是政府的扶持给了他创业的勇气和信心。

天毫茶业旗舰店外景

2005年，福鼎市一家从事农业综合开发的台资企业决定放弃茶叶生产、加工这项业务，把500亩茶园、茶叶加工厂房和相应设备转让给林心坚。这时的林心坚已经在该公司学习制茶技术多年，他当然不满足于仅仅当一名制茶工人，创办自己的企业一直就是他的梦想。现在机会来了，尽管对自己能否创业成功还有些疑虑，他还是决定接受转让，独立创业。

"茶叶消费已成为全球性的时尚，福鼎是全国重点茶乡，政府对茶产业的扶持力度不断加大，茶产业发展风头正劲，这是一个千载难逢的机遇。"有心人林心坚看到了创业良机，看到良机就不愿放过是他的性格。他注册成立了属于自己的天毫茶业有限公司，开始思考生产什么茶、怎么生产的问题。林心坚清醒地认识到，作为行业新兵，没有自己的品牌产品，他的企业就无法在强手如林的同行中站稳脚跟。

福鼎是全国重点茶乡之一，是中国白茶的原产地和主要生产基地、出口基地。在福鼎市委市政府的大力推动下，福鼎白茶的知名度和美誉度不断提升。2006年，福鼎被国家林业局授予"中国白茶之乡"。天毫茶业公司一开始主要生产传统绿茶野山茶，不过在林心坚的心中，福鼎白茶已经被确定为研发和生产的主营方向，并为此作了充分的准备。在过去的十几年里，一心钻研茶叶制作技术的林心坚已经掌握了福鼎白茶的制作技术，2007年第一届中国"太姥杯"白茶王大奖赛开赛，天毫公司选送的福鼎白茶产品"白毫银针"获得了金奖，这是天毫公司白茶类产品第一次获得的重大奖项，给了林心坚以极大的鼓舞和信心。林心坚说："从这一天开始，天毫开始有了自己的品牌产品。品牌的建立，在我看来，是天毫完成创业之初的突围之战的标志。"

无论是创业之初的突围之战，还是企业逐渐发展壮大的崛起之路，品牌一直是天毫茶业的一个关键词，也是林心坚经营企业的一个核心词语。尽管创办初期公司的资金并不雄厚，林心坚在品牌建设上却舍得投入。一方面，他将公司的茶园基地按照有机茶、无公害茶园标准实施改造，从幼苗种植，施肥控制到成品制作一系列全程科学管理，进而带动并指导、支持当地茶农按标准改造茶园，先后投入300多万元引进4条先进生产线30套生产加工设备，从源头上和生产加工环节严把产品质量关。同时积极参加国际国内各类大型茶叶博览、展销、竞赛活动，展示、推介天毫系列茶叶产品，一步一步树立天毫茶叶的品牌。2008年、2009年天毫公司品牌建设大获丰收。2008年5月，在第五届"闽茶杯"优质茶竞赛中，天毫公司生产的"白琳工夫"获红茶类优质奖、"白毫银针"获白茶类优质奖；6月，在第二届中国"太姥杯"白茶王大奖赛上，"白毫银针"摘下白茶王的桂冠、"白牡丹"获大赛银奖。2009年4月，公司生产的"白毫银针"、"白牡丹"分别被福建省名优茶评审委员会评为"省名茶"、"省优质茶"；6月"白琳工夫"荣获福鼎白茶（福州）仲夏品茗会"最佳口感奖"；7月，在大连第五届茶文化博览会茶叶比赛和第八届"中华杯"中，"白毫银针"、"白牡丹"、"白琳工夫"均荣获一等奖。

2010年上海世博会一系列茶事活动的开展，是中国名优茶向全世界展示的一个绝佳平台。尽管进军世博园需要投入巨额资金，林心坚却毫不心疼。"福鼎白茶入选世博十大名茶，这是一个千年等不到一回的良机。天毫有幸遇到了这个良机，抓住了这个良机，成为上海世博会特许生产商和供应商，天毫生产的产品打上世博专用标志。"说到争取进军世博园的努力，林心坚深为自己的这一决定感到欣慰："'世博茶'，这是天毫茶叶一个全新的品牌。"

对于品牌的打造，林心坚有自己的一套思路，他始终认为，品牌是内涵丰富的整体，是多种元素的综合。因此，他重视企业外部形象和内部管理的规范化建设，所以才有了这处占地面积23 345平方米、建筑面积2000平方米、绿树成荫、清幽明净的厂区，有了从原材料、加工到成品一系列全程的管理制度；他重视产品的包装，所以天毫茶叶包装才会在2009年1月首届福鼎白茶茶叶包装物评比中荣获银奖；他追求福鼎白茶完善形象的充分展示，所以组建了自己的茶艺队，并在2009年1月举办的"农信杯；首届福鼎白茶茶艺大赛中获得二等奖。

"一个品牌带动一个企业，一个企业带动一方群众。"林心坚说这是他办企业的核心理念。随着品牌的逐渐树立，随着品牌知名度的不断提高，天毫公司快速发展壮大起来。公司现拥有四个茶叶种植基地，总面积2200亩，生产的产品含福鼎白茶、白琳功夫红茶以及绿茶、乌龙茶和新工艺茶等多个系列30多个品种，并在福鼎本市和国内多个大中城市设立旗舰店、专卖店、销售专柜，还采取电子商务方式，入驻阿里巴巴、淘宝网等国内大型网络销售平台。作为落户店下镇溪美村的一家农字号龙头企业，天毫公司一直把带动当地茶农增收当作自己义不容辞的责任。天毫公司通过技术扶持和公司茶叶生产基地的示范，带动当地茶农对传统茶园进行无公害化改造，放开收购当地茶农生产的茶叶，从而带动溪美、菰北等村茶农增产、增收，总经理林心坚因此于2006年先后获得"福建省农村青年创业致富带头人标兵"、"全国农村青年创业致富带头人"的荣誉称号。

（钟而赞　白荣敏）

裕荣香：依靠科技树立品牌

2010年8月8日，裕荣香福鼎白茶上海旗舰店举行隆重的开业仪式。上海市茶叶学会顾问、上海吴觉农茶学思想研究会会长、著名茶叶专家刘启贵，上海茶叶学会副秘书长刘舜玲，福鼎市政府副市长何普明，市茶业协会会长林立慈等出席仪式并为活动剪彩。裕荣香旗舰店位于上海市闸北区洛川中路616号，靠近上海大宁国际茶叶批发市场，该旗舰店的开张有利于福鼎白茶的品牌宣传和进一步提高福鼎白茶的知名度，标志着福鼎白茶已开始全面登陆上海市场。

福建省裕荣香茶业有限公司负责人蔡良绥在接受记者采访时说，福鼎是中国白茶之乡，全国最大的白茶产区和出口基地，出口已有几百年的历史，福鼎白茶95%供出口，深受欧美、东南亚等市场的欢迎。但在外红红火火的福鼎白茶，长期以来内销量却一直只有很小的市场份额。近年来，随着越来越多的国人开始认识并喜欢白茶，这为包括裕荣香茶业在内的福鼎茶商茶企和广大茶农带来了前所未有的机遇与挑战。

"目前在福鼎的茶企中，裕荣香不是最大，也不是最好，但是裕荣香却坚持走做强做大产品品牌的发展路线，做消费者最信赖的茶叶品牌。裕荣香的成长过程，却是福鼎当代茶企的一个缩影。"在福鼎，蔡良绥是一个知名的茶人，对白茶有着几十年的深入研究。从起源到求证，从种植到生产，从古代到今朝，从中国到世界，谈起福鼎白茶他如数家珍。

据了解，福鼎白茶涵盖了与自然和谐、与人和谐、与社会和谐三大要素。在与自然和谐方面，在于太姥山得天独厚的自然环境使白茶吸附了天地之灵气，体现了"高山出名茶"的理念，正如唐代诗人韦应物所写的诗句："洁性不可污，为饮涤凡尘。此物性灵味，本自出山原。"所以，气候、土壤等环境条件是白茶与自然和谐共处的良好条件。在与人和谐方面，主要体现在身体和精神两方面。白茶能增强人体的免疫力，达到防病抗病的目的，体现了白茶与人体机能的和谐。白茶能陶冶人的情操，能使浮躁的心变得平静，能令人悟到许多生活的真谛，从而达到白茶与人们精神生活的和谐。在与社会和谐方面，在于其茶礼体现了儒家"中庸尚和"的思想，茶德则反映了佛家"众善奉行"的宗旨，茶道折射出道家"道法自然"的光辉。

蔡良绥告诉记者，福建省裕荣香茶业有限公司前身为福鼎市裕荣茶业有限公司，创建于2001年，是一家集基地种植、制作加工、销售与茶技推广于一体的综合型企业，是福建省环保局、福建省科技厅、福建省农业厅有机茶示范基地，福建省农产品加工示范企业，福鼎市白茶出口重点企业。

裕荣香茶业的生产基地位于太姥山麓海拔600米的山区，这里云雾缭绕、空气清新、土层深厚，茶园被森林环抱，是生产无污染高品质茶叶的理想之地。现有茶园3500亩，有适合制白茶、绿茶、红茶的福鼎大白茶、大毫茶，适合制乌龙茶的铁观音、丹桂等品种。其中300亩基地通过国内有机茶认证，620亩通过瑞士IMO有机认证，500亩为有机转换基地。公司以自营生产基地为核心，采用"公司+基地+农户"的产业发展模式，大力实施"优质、精品、名牌"战略，与农民结成广泛的利益共同体，与茶农建立销售合同关系茶园面积近万亩，带动茶农近千户。并以此推进裕荣香产品质量、经济效益、品牌建设的全面提升。

裕荣香茶业公司承担福建省白茶标准化研究及茶叶萎凋环境研究任务，有名优白茶、乌龙茶、绿茶生产线和工艺花茶精制生产线共六条，各类茶叶生产设备共30余台（套）。今年通过福建"6.18"项目技术对接平台，引进中国农业科学院茶叶研究所r-氨基丁酸白茶生产技术，全面提高白茶加工的技术含量，使白茶的有效功能性成分提高数倍。近几年该公司不断扩展国内外市场，2008年取得进出口经营权，先后开拓了美国、德国、法国、俄罗斯、阿联酋、迪拜、日本、韩国等出口市场和上海、广州、重庆、杭州、温州等国内市场，产品的知名度不断提升。

该公司以"以人为本、依靠科技、树立品牌、诚信经营"为宗旨，充分发挥人的积极性，注重先进科技运用，不断提高生产技术和产品质量。在茶树栽培管理中运用了优质高产技术，设施栽培技术，保证了原料的质量安全。2008年新建的1000平方米清洁化白茶生产线，极大地扩张了产能，提升了产品质量，为推动白茶产业化快速发展奠定了基础。

裕荣香茶业已通过国家食品安全QS认证，生产经营的"裕荣香"牌名优白茶、绿茶、红茶、乌龙茶和精制工艺茶等品种。2004年，生产的"白毫银针"荣获第三届中国茶叶品质大奖赛茶王奖。2007年，"白牡丹"、"太姥翠芽"被福建省农业厅评为年度优质茶。2008年，"白牡丹"荣获第七届国际名茶金奖、中茶杯优质茶称号。2010年6月，生产的裕荣香牌"白毫银针"、"白琳工夫—红粉佳人"均荣获宁德第四届茶王赛白茶类、红茶类金奖。2010年8月，生产的"裕荣香"牌"白毫银针"荣获世界茶联合会第八届国际名茶评比台湾大会金奖。

目前，裕荣香茶业在全国各地主要城市设立裕荣香营销网点200多个。公司依据企业标准和有机茶标准，不断创新开发出裕荣香有机白茶、有机绿茶、有机工夫红茶、高山乌龙茶、冷水泡茶等系列产品，并导入ISO9001.HACCP食品质量安全管理，建立了一整套从生产资料的采购、茶园栽培、茶叶加工、仓储和运输的质量管理体系，层层把关，严格控制，目前已通过有机茶认证、出口基地备案、ISO9001认证、QS认证、原产地认证、出口卫生注册认证。同时裕荣香茶业公司以文化为导向，通过媒体、网站、展会、茶艺表演、新包装、大型户名广告等方式积极宣传和推荐"裕荣香"品牌。

"随着人们健康意识的提高，福鼎白茶可望成为未来茶叶市场的主流产品。"蔡良绥信心十足地说，树立"裕荣香"为"历史名茶"、"健康茶"的定位，努力创建"一杯好茶，一个温暖的家"之和谐社会理念，做让消费者最信赖的顶级中国白茶品牌。

（雨 田）

芳茗：最美岛屿　最好白茶

（一）

2006年，嵛山之行，我有两个惊奇的发现，一是福建沿海竟有如此惊艳的岛屿，二是海岛上竟然也可以种茶。一般海岛上都是匮乏淡水的，大嵛山岛的神奇在于，山顶上有一大一小两个天湖，常年不断有泉水从湖底涌出。环抱着小天湖的是人称"南国天山"的万亩草甸，而清澈的大天湖沿岸，则是一片生机盎然的茶园。阳光洒在青绿的芽叶上，梯田平缓地伸向湖水，湖中央是另一片梯田，像坡度舒缓的金字塔。隔岸耸立着一座山峰，几缕白云停在半山，使你暂时忘记了山的那边是海，可是当你猛然想起这些茶竟是种在海上时，就会不禁惊叹于这座海岛，这汪湖水，还有这些绿色的精灵了。

这一片如珍珠般散落在闽东的岛屿被称为"福瑶列岛"，吉祥、高贵、和谐，又暗示了藏身于岛屿中的瑶池、天湖、仙境。2005年10月，嵛山岛被《中国国家地理》杂志评为中国最美的十大海岛之一，虽名次不及

嵛山天湖草场和茶园

西沙、南沙,却平易近人,从福鼎秦屿或霞浦三沙渡海,半个小时即可抵达。和大多数的游客一样,我是冲着"最美海岛"的名号去的。坐在小天湖边静静等待晨雾散去,已是早上十点。岛上阳光充足,紫外线较强,以至于当我们在海风中走下山脊,来到天湖寺旁的茶园时,已是口干舌燥、汗流浃背了。看着采茶女的手穿梭于芽叶之间,内心深处很是渴望品尝一下,这海上种的茶,和陆地上、高山上种的到底有怎样的不同?是否会有瑶池甘露的清甜呢?

两年后,我才知道,福鼎是中国白茶之乡,嵛山岛上种的茶加工出来的茶叶叫福鼎白茶,还有个太姥娘娘用白茶济世救人的传说。于是在我脑海中,白茶又平添了几分神秘的色彩。在2008年6月的首届中国白茶文化节上,我和朋友说起嵛山岛,朋友告诉我,岛上的那些茶园是福鼎芳茗茶业有限公司的基地。在开幕式上举行的第二届中国"太姥杯"白茶王大奖赛颁奖仪式上,芳茗茶业的"福茗芳"牌新工艺白茶蝉联了新工艺白茶的茶王。白毫银针、白牡丹、新工艺白茶三个茶王,可谓三足鼎立,而芳茗是唯一一个连续两届获得茶王的福鼎茶企。

在福鼎白茶精品展厅里,我遇见了芳茗茶业的总经理叶芳养。他正和福鼎市委副书记陈兴华品茶论道。他邀请我们去他的公司和九峰山基地参观。

(二)

和嵛山岛一样,芳茗茶业的九峰山基地同样面朝大海。在九峰寺下车后,还需要步行十多分钟上山。因为山路少有人走,有些地方已长了青苔,有些湿滑。每到茶季,采茶的工人都要从这里走到山顶的茶园去。再往上走不远,就可以望见远处宁静的海了。海风迎面吹来,我问叶总,为何在茶园选址时对海情有独钟?

叶总对我强调了"有机茶"这个概念。有机茶叶是一种无污染、纯天然的茶叶,在其生产过程中,完全不施用任何人工合成的化肥、农药、植物生长调节剂和化学食品添加剂。"真正的有机茶要远离城市,远离公路，远离生活区，远离农作物。九峰山这里原来是荒山，除了茶叶，没有任何农作物，而且远离公路十来公里，不会受到污染。"

正所谓"好山好水出好茶"，叶芳养认为只有山水结合，茶叶品质才会好。九峰山的天然优势，再加上地处海边，雾比较多，云雾缭绕有利于茶叶的生长，在这里出产的白茶问鼎茶王也就不足为奇了。

人们常说，福鼎有两块宝地，一块是太姥山，另一块就是嵛山岛。把茶叶基地建于风景名胜区，不仅生态环境好，可以产好茶，而且可以和旅游业相结合，发展茶叶生态旅游，这是无数茶商的梦想。承包嵛山岛茶园也是叶芳养津津乐道的得意之笔。

那是2005年底，叶芳养在网站上看到嵛山岛入选中国最美的十大海岛，就约了几个朋友，慕名前往，结果发现嵛山岛上有一些荒废的茶山，最高的茶树有三米多高，茶树都被草包住了。嵛山岛上没有其他农作物，生态很好，更难得的是岛上有源源不断的淡水，有好的水源，就有好的植被，就有利于茶叶的生长，适合种有机茶。

承包了嵛山岛茶园后，叶芳养请来大批工人除草。他说："茶叶是一种食品，食品的安全至关重要。我们对农残把关非常严格，宁可花两万块人工除草，也不花两千块喷除草剂。白茶的工艺是原生态的，只有从源头上抓好，才能生产出无公害的茶叶。"

经过两年多的建设，嵛山岛的茶园已焕然一新，但还存在一些问题。首先是交通不便，茶叶运出来要过山、过海、过高速，增加了生产成本、运输成本和管理成本。其次，岛上常年云雾缭绕，虽有利于茶树生长，但不利于湿度控制，台风来袭时也会造成一定损失。再次，嵛山岛的旅游设施还没跟上，游客还不多。

但说到嵛山岛生态茶园的未来，他显得信心十足："现在岛上的白茶是放在大天湖边的工厂进行加工的，明年我们打算把茶青运回公司加工，虽然会进一步增加成本，但是有利于管理和质量监督，也有利于嵛山岛的环境保护。随着政府宣传力度的加大，嵛山岛一定会吸引越来越多的游客前来参观游玩。公司将配合政府的规划，修建一批牢固环保的木屋，不仅让游客在嵛山岛上观光品茶，还让游客亲身体会采茶、制茶的乐趣，从而进一步了解白茶的制作工艺。结合嵛山岛旅游，必将进一步提升福鼎白茶的知名度。"

（三）

芳茗茶业公司的总部位于福鼎市点头镇观洋村，地处太姥山脉北段，这里依山傍海，气候温和、雨量充沛、光照充足、土质肥沃，茶叶生产条件得天独厚，是国家著名茶叶良种福鼎大白茶（华茶1号）和福鼎大毫茶（华茶2号）的故里。

在总经理办公室，叶总和我谈起了他的创业之路和两获茶王的新工艺白茶。

与茶结缘将近20年了，他最早只在福州五里亭经营一家门店，从事各类茶的批发，随着白茶市场的日渐升温，叶芳养逐渐将经营的重心放在白茶上，2002年在福鼎着手建立茶叶基地，2006年注册成立了茶业公司。

几年下来，芳茗茶业在业界获得了很大的认可，不论是传统的白毫银针和白牡丹，还是新工艺白茶，都取得了不俗的成绩。2008年5月，在第五届"闽茶杯"2008名优茶评比上芳茗的白毫银针获得了白茶类唯一的金奖，100克白茶拍卖了1万元。同时在第15届上海国际文化节上白毫银针再获金奖。在福鼎举办的中国首届白茶文化节上，除了新工艺白茶荣膺茶王，芳茗茶业选送的白毫银针和白牡丹也都获得了金奖。

相对于白毫银针和白牡丹，新工艺白茶的知名度小，市场空间和利润空间也小得多。芳茗茶业为何会将重心放在新工艺白茶上呢？叶芳养说："21世纪是一个创新的时代，茶叶也需要创新。白毫银针条形很美，但它的汤色和味道比较淡。白牡丹汤色稍好一些，但外形不好看，易碎，体积大，给包装和运输带来不便。而新工艺白茶解决了这两方面问题，更适合年轻一族。"

好茶是用心做出来的，要耐心，还要细心。为了研制新工艺白茶，叶芳养投入了大量精力和财力，在车间里反复试验，从口感和外形两方面对传统白茶工艺进行改进和创新，并经常向茶叶专家求教，力求尽善尽美。

对新工艺白茶的前景，叶芳养充满了信心。

说起这些年福鼎白茶的发展，叶芳养表示，这离不开福鼎政府的大力推广，作为一个福鼎的茶商，推广白茶是他的责任。除了全力配合政府的宣传，叶芳养在他五里亭的茶叶店竖起了一块高2.8米、宽1.8米的广告牌，上面写着大大的"福鼎白茶"四个字。叶芳养说，福州大约有5000家茶庄，挂"福鼎白茶"牌子的不超过10家，而在更多的城市，白茶市场还是空白，所以加大宣传力度、提高白茶知名度是当务之急。一个企业的繁荣只能让少数人富起来，而一个产业的兴旺才能惠泽一方百姓。把福鼎白茶产业做大、做好、做强，是所有福鼎茶人的责任，所以更需要各界齐心协力。

谈到企业未来的发展，叶芳养说："这几年我们在茶质和口感上下了很大的工夫，接下去公司除了继续狠抓质量外，将更加重视茶业包装的研发以及国内市场的开拓。现在人们喝茶喝的是一种文化，好的茶叶需要好的包装。我们将结合白茶的特性，开发白茶系列包装。在市场开拓方面，我们准备以连锁或者加盟的形式，在国内主要城市布点。也许以后的路未必平坦，但我希望我们每一年都在进步，在前进中稳步提升。"

最美的岛屿和最好的白茶相遇，是一种缘分。与茶结缘的叶芳养，在走上大小天湖之间的山脊那一刻，在蓝天碧海之间，决定将天然的白茶种在海上。他以其敏锐的嗅觉，以其远见和胆略，一定会在茶香弥漫的白茶之路上越走越远。

（万嘉溪）

绿叶：一片绿叶可知青山

随着白茶保健效果的逐步挖掘，白茶被越来越多的人所喜爱。而坐落于"中国白茶之乡"福鼎的福建绿叶茶业股份有限公司就是一家集白茶生产、销售、茶文化传播为一体的企业。公司以"求高质、创品牌"为发展战略，以"质量放心、顾客至上"为服务原则，以"开拓进取、创新服务、诚信为本"为经营理念生产销售白茶，并逐渐壮大成为白茶行业中一颗耀眼夺目的新星。

不放弃，不抛弃

当问起为何想从事茶业生意时，余其招董事长笑着说："没什么原因啊。不过准备从事茶业时就已有鲜明的定位：一是做白茶；二是做白茶出口。"明确目标的余董事长从不浪费时间，当即辞去电力部门的工作，"下海"经商。很快，他的公司就在2005年11月成立并落户在福建省福鼎市三门口工业小区。

想起公司创立之初的艰辛，余其招董事长感慨万千。其中道不明的艰苦，他却用三言两语打发了，但我们可以想象在公司成立不久就濒临着破产困境的可怕。余董事长从不放弃从不抛弃，即使在狂妄的灾害面前。

2006年的"桑美"台风重创了中国东部沿海地区。台风过境，房屋坍塌、死伤上千，养殖业、农业都受到了极大的创伤。不可避免的，白茶也遭受灭顶之灾。作为主营白茶生产销售的公司而言，这无疑就是晴天霹雳。在这场天灾中公司损失百万，余其招董事长看着被台风破坏殆尽的茶树，心如波翻浪涌，难以平静。但现实的打击并不能让他放弃希望，壮志未酬誓不休。经过深思熟虑之后他的心中已然有了一个想法："不做，就是破产，还不如选择继续做，可能还有一线生机。"于是他毅然的决定继续干下去。

事实证明，成功者决不放弃，放弃者决不成功！他的不放弃已经给他以及公司赢来了一片更广阔的天地以及一份面对困难时"千磨万击还坚韧，任尔东西南北风"的信念。

迎难上，攻时艰

被克服的困难就是胜利的契机。熬过了最艰难的时候，公司进行了一系列改制整合，引进现代企业制度，使公司慢慢走上了正轨。公司不断精益求精，依靠高科技，打造白茶品牌，让"太姥绿叶"在茶业中崭露头角。2007—2009年连续三年被评为福建百强企业、2007—2008年公司选送的白毫银针连续两次荣获第七届、第八届"中茶杯"名优评比特等奖、2008年，太姥绿叶牌白牡丹获第二届中国"太姥杯"白茶王大奖赛茶王称号、2009年选送的白茶获得福建唯一的金银奖、白毫银针荣获第五届中国国际茶业博览会金奖。目前公司已取得福鼎市茶叶主管部门核准颁发的"福鼎大白茶原产地标记准用证"、"福鼎大白茶证明商标准用证"。并率先在福鼎通过QS认证、HACCP认证、IMO有机认证和GDP认证，这些数不尽的荣誉不单单只是单纯的赞誉，它更代表的是一家企业对于质量的不懈追求。"土扶可城墙，积德可厚地"，质量的提升使得企业获得更加广阔的市场。作为企业的董事长，余其招先生"打造品牌，质量至上"的

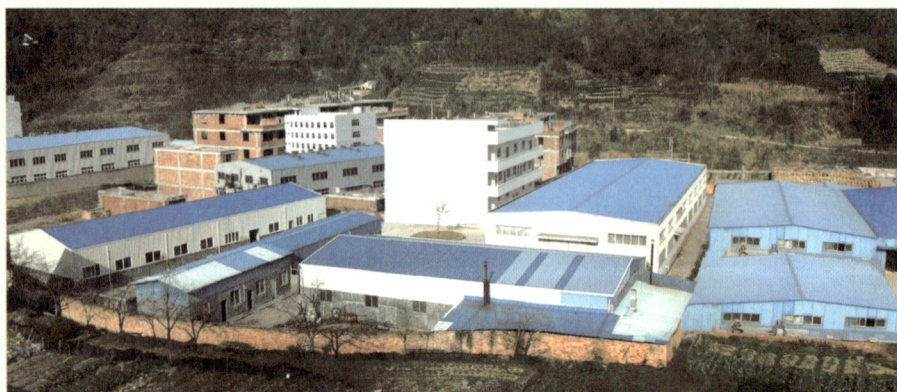

绿叶公司全景

追求让企业在一次次的茶叶评比中独占鳌头，获得一致好评。

企业坚实的品牌、科技基础以及领军者的英明领导让公司即使面对2009年的全球金融危机的冲击也能应付自如。在全球经济委靡，金融危机席卷了整个地球的情况下，众多的公司企业扛不住经济压力，纷纷出现亏损，甚至倒闭的现象。而福建绿叶茶业股份有限公司秉持着"只要脊梁不弯，就没有扛不起的山"的信念顽强地挺住了，虽然产品在前期大量滞销，但余其招先生并没有随大流，以低价抛售，寻求最低亏损率，反而是把茶叶囤积起来。他相信金融危机的影响并不会长久，中国市场经得起考验，而白茶不同于其他茶类，它是愈久弥香，经得起时间沉淀和考验的。此时，他冷静面对经济局势的起伏跌宕，随时关注经济走向，四处打听茶业销售情况。功夫不负有心人，随着经济的慢慢复苏，原本低廉的茶叶一下子"洛阳纸贵"，抢售一空。经此一役，公司不仅赚了个"满堂彩"，而且更加坚定了公司生产销售白茶的决心以及更加肯定了公司非同凡响的抗击风险的能力。

公司安然度过艰难期的同时，也积极地加快企业的建设。继续打造茶叶品牌，扩大市场影响力，努力收获更多的经济效益和社会影响力。我们有理由相信能经历磨难屹立不倒的企业，定能在繁盛的茶行业中"浴火重生"，占有一席之地。

展宏图，显身手

公司发展的如火如茶，让余其招先生干得越来越有劲头。他笑着说："干茶业，是越做越有劲。白茶，比其他五大茶的前途更好，而且世界白茶在中国，中国白茶在福鼎。"白茶虽不如绿茶清爽，不及青茶醇香，不及红茶温和，但白茶作为我国茶叶大家族中"墙内开花墙外香"的名门望族，它滋味清淡、鲜爽甘醇，有着其他茶无法比拟的功用。业内许多人士也打趣地说："喝铁观音，那是一见钟情；而喝白茶，那是日久深情。"可见，白茶正以势不可挡的态势进入人们的视线。白茶的发展前景是管中窥豹，可见一斑啊。

"虽是一片绿叶，我已知青山。"公司经过将近5年的打拼，从名不经传的小公司发展到如今，公司已拥有面积22亩，茶叶精制总厂一座、茶叶初制厂一座、绿色食品茶园基地260亩、高海拔无公害基地4500亩、白茶萎凋车间5个以及目前福鼎市拥有白茶生产专用竹编最多的4250床。公司机制的逐步完善，使公司产品质量不断得到提升。几年来，产品出口合格率达100％，就是铁证。茶叶质量的提高使公司生产的"白茶爽"、"荷仙子茶"2010年一投入市场，就受到广大消费群众的喜爱。质量不仅保证了公司产品的市场占有额，而且为公司树立了良好的企业形象，从而为打响白茶品牌铺好坚实的基础。

想起企业一路走来的艰辛，他意味深长地说："企业最主要的是后期工作。我的定位是高起点、深加工。做好市场策划以及人才的引进。成立一个集团化的白茶股份有限公司，不仅仅是为了企业本身的发展，还是为福鼎赚一张漂亮的名片。"不经意间，他的认真负责又为企业粘上了一张"诚信"奖章。我们可以相信余其招先生将会继续本着"高科技、深加工"理念，创建企业品牌，乃至福鼎品牌，进一步推进企业以及福鼎茶业发展，为白茶文化的传播添砖加瓦。

对于未来的规划，余其招先生成竹在胸，表示已有明确的"五年规划"。为进一步扩大市场影响力，更好地打造白茶品牌，提高公司的经济与社会效益，在一场竞标活动中，公司获得福鼎白茶股份有限公司的控股权。公司将以此为契机，继续依靠高科技、人才，筹划与浙江大学以及武夷学院的合作。其次，建占地达30亩的白茶科技研究专家楼8座、实验楼1座、宿舍楼2座、茶艺楼1座；同时，按国家食品卫生等级，投资3亿，建三座120亩的标准厂房，用于茶业标准化、白茶深加工产品、保健茶制作；另建一个六大茶类标本基地。五年里，公司将继续推广与浙江大学合作研发的白茶深加工产品"白茶辅助降血脂功能含片"，另外，准备研发保健茶3种。此外，公司还准备改制集团化。在五年内申报国家驰名商标，并投资1亿为五年后上市做准备。

以科技为依托，纵向发展福鼎农副产品的福建绿叶茶业股份有限公司，在经历一番挫折困境之后，如同"凤凰涅槃，浴火重生"大展宏图显身手。在面对新的发展机遇下，我们坚信企业会迈着坚实的脚步向新目标前行。而余其招先生对白茶的日久深情，为白茶发展迎难而上的精神，更会在企业发展前行道路上锦上添花，让企业的路走得越来越宽阔。

（雨　田）

誉达：白茶饮料闪亮登场

近年来，国内的饮料市场上，以红茶、绿茶主导的茶饮料一直占据着重要的位置。不过，这种局面很快就将发生变化，一种由福鼎白茶茶叶为主要原料的饮料已经试产下线，近期将全面推向市场。它就是福建誉达茶业有限公司研制生产的"福鼎白茶"饮料。在2010上海豫园国际茶文化节期间，业内专家认为："茶饮料所提倡的天然、健康将是未来饮料的发展趋势。现在喝福鼎白茶的人也逐渐增多，简单方便的白茶饮料，市场空间也是无限的。"

"好山好水出好茶，好茶喝出好味道。""誉达"福鼎白茶饮料选用优质福鼎白茶为原料，用现代工艺对茶叶进行萃取加工，该产品不仅色泽清澈透亮，还带着清新的茶香，使人饮用时充分享受鲜爽可口的茶滋味。

该款茶饮料依托"中国世博十大名茶"——福鼎白茶多年成熟的市场网络和口碑，将茶叶品牌忠诚度扩展到茶饮产品上。充分利用"誉达"牌福鼎白茶原料的品牌优势和在口味上的精准把握，做到同一个品牌下的茶饮料和茶叶携手并进、共壮声势。"誉达"牌福鼎白茶茶饮料无疑是福建誉达茶业有限公司以独特的原料产地，伺机进入饮料市场的"敲门砖"，也是公司不断拓宽产业渠道，开发新产品的大胆尝试。

据了解，在碳酸饮料市场日益萎缩的环境下，茶饮料已成为饮料巨头的兵家必争之地，发展速度更是以每年30%的惊人速度增长。作为今年福建誉达茶业有限公司寄予厚望的"重头戏"，因为茶饮料在终端市场的推广需要较长的市场培育时间，因此"誉达"福鼎白茶茶饮料今年的首要任务是打开闽东乃至闽浙边界周边市场。

福鼎白茶饮料精选白茶原叶，采用国内首创
先进技术研发而成，具有清热降火、康体养颜之功效

白茶饮料

茶饮料是目前茶叶深加工中的主产品，1972年后相继在美国、日本、我国台湾投放市场，受到消费者的普遍欢迎。近年来我国茶饮料发展迅猛，现已成为我国软饮料中三大饮品（饮用水、茶饮料、果蔬饮料）之一，其中绿茶、乌龙茶、冰红茶等茶饮料产品每年以近20%速度递增，已成为我国软饮料中发展速度最快的品种。

在国外，茶叶功能性成分提取研究，除了应用于茶饮料外，重点放在其药理作用研究和作为抗氧化功能性添加剂产品开发。在国内至今未见白茶饮料产品。作为六大茶类中保健价值最高的白茶，现已逐渐被国内消费者所认识和肯定，白茶的销售已从市场的推广期进入快速增长期，白茶饮料产品必将"应运而生"。为此，福建誉达茶业有限公司针对白茶特性及加工中的关键技术难题，经充分分析研究后提出：以福鼎白茶为主要原料，采用酶法低温萃取、复合护色技术、离心结合膜过滤分离工艺和香味物质回收技术，开发功能成分高、口感好的系列高品质白茶饮料产品。前期研究与试生产表明：白茶饮料迎合消费者需求，是符合国内外饮料行业发展趋势的。

"天然茶饮料肯定是未来饮料业的发展方向。福鼎白茶品牌塑造已经不错，而且福鼎有广阔的茶园做支撑，市场潜力非常大。"福建誉达茶业有限公司董事长周庆贺告诉记者，针对白茶的特性以及白茶饮料生产中的关键技术拟应用生物复合酶低温提取白茶有效成分，采用复合护色技术，离心结合膜过滤工艺分离茶渣，净化乙醇浸提茶渣和茶花中的香味物质作为产品增香剂集成开发白茶系列饮料，属于国内首创具有国内先进水平。目前，福鼎白茶饮料口感顺滑，降热退火，填补了国内茶饮料的空白。

据了解，福建誉达茶业有限公司系福建省农业产业化龙头企业，中国茶叶流通协会和福建省海峡茶叶促进会常务理事单位。公司集种植、生产、加工、销售、科研为一体，采取"公司+基地+农户"的模式，在福鼎市磻溪镇、白琳镇建有茶叶初制厂和带动基地11 000亩。2004年初又在福建福鼎工业园区征地15亩，建有7000多平方的现代化有机茶精加工标准厂房。公司还聘请福建农林大学、广东中山大学等专家教授对公司的生产和经验进行指导，目前，公司已取得有机茶认证、ISO9001-2000国家质量体系认证、QS认证和标准化良好行为证书。近年来，公司坚持"质量兴茶、质量兴企"的战略方针，努力树立"健康茶、优质茶、放心茶"的品牌形象，以"誉达"为注册商标，以广州市为销售中心，并在昆明、长沙、济南、兰州等国内十多个大中城市建立销售网点，而且出口欧美，东南亚国家和中国港澳台地区。公司2005年被中国茶叶流通协会推荐为"中国三绿工程放心茶"品牌，2007年"誉达"牌黄岗翠芽、白牡丹茶叶被评为福建省优质茶，2008年在上海茶博会上，誉达茶叶荣获"金奖"。2007年起连续三年被中国茶叶流通协会评为"中国茶叶行业百强企业"和"中国茶叶AA企业信用等级"（闽东唯一获奖企业），2008年誉达白茶荣获"福建省名牌产品"称号，2009年誉达荣获"福建省著名商标"。

（雷顺号）

瑞达：定位高质打造高端

福建瑞达茶业有限公司位于福鼎市点头镇观洋茶业工业园区。在这样一个有着悠久茶叶生产加工历史和众多竞争对手的城镇，瑞达茶业为什么能够脱颖而出，由一个最初只有几个工作人员的小作坊式企业发展成为如今坐拥2000多亩有机茶基地，年产量500多吨，品牌价值达6000多万元的福鼎市农业产业化龙头企业呢？面对记者的提问，瑞达茶业董事长陈家瑞只是腼腆的笑着，他说，竞争既是机遇，也是挑战，相比别人自己并没有什么特别的优势，有的也许只是面对挑战时那股执著和勇气。

从白手起家到挑起瑞达大梁

说起自己的创业经历，陈家瑞感慨不已。1994年，还是个20出头小伙子的他，由一个"黄瓜鱼养殖户"转行，踏入了他一直热爱的茶叶市场。初入行时，手上只有1000多元钱的"启动资金"。

就只有靠自己的加倍努力。年轻的陈家瑞开始没日没夜的对外拓展业务。很快他发现，自己经营的茶叶虽然品质高、价格优惠，但由于销售经验缺乏，人脉浅，业务拓展相当困难，企业发展也十分缓慢。于是，他虚心向"老茶叶"请教，同时自学茶叶理论知识，在加深自己的专业知识的同时也向成功企业"取经"，学习先进的企业管理理念。凭借自己的聪明才智和勤奋刻苦，陈家瑞的茶叶生意很快就打开了局面。到2006年，福鼎瑞达茶业有限公司正式成立时，瑞达企业总投入已经6800多万元，瑞达的产品质量和企业形象也得到了业内人士的普遍肯定。

高质量打造企业核心竞争力

高质量的产品是企业竞争力的核心。为保证所产茶叶品质，瑞达建立百亩无污染、无公害高山茶园基地，特聘专家对茶园进行科学管理，使茶叶品质日趋优良。在生产环节上，瑞达严把质量关，力求不让一片不合格茶叶流入市场，公司产品通过QS及HACCP认证，所产茶叶全部达到出口欧盟标准。

在技术环节上，瑞达投入大量资金，不断增强企业研发力量。在公司研发团队的多年努力之下，瑞达茶叶在种植培育环节和制作工艺上都取得了很大突破，从而提高了产品质量。所产茶叶经过多年技术革新与良种培育，逐渐形成了"香高、味浓、回甜、耐泡"的特点。产品在国内多项茶叶大赛中获奖，"瑞达"连续3年被评为宁德市知名商标。

创新经营模式进军国际市场

陈家瑞说，他有一个梦想，就是能让全世界的人都品尝到福鼎的白茶，因此，瑞达需要有一个强大的营销团队。为实现这一目标，陈家瑞十分重视企业人才培养，他把人才队伍的建设列为公司发展的重点之一，力求培养一批具有高水平、高素质的销售及研发人才队伍。同时，公司利用得天独厚的地理环境及丰富的茶叶资源，采取"农户+基地+公司"的互动发展模式，建立从原材料种植到加工、销售的一体化经营模式，取得了良好的市场反响。

瑞达不断完善销售网络，公司以福州瑞达茶叶销售中心及福鼎相关产品展示基地为主要窗口，通过在全国各地建立茶叶连锁店，加大企业文化，提升品牌宣传力度，提高"瑞达"品牌的市场竞争力和产品知名度。目前，瑞达已在全国各地建立连锁经营机构50多个，产品足迹遍布北京、上海、福建、浙江、广东、湖南、湖北、安徽、山东、辽宁等省市，部分产品远销欧美市场，获得了世界各地消费者的广泛赞誉。

（许一凡）

福鼎白茶大事记

2008年

★ 1月5日，中国国际茶文化研究会福鼎白茶研究中心成立。

★ 1月26日，福鼎市市长倪政云率市拥军慰问团进京慰问中国人民解放军三军仪仗队，赠送慰问品福鼎白茶和"奥运主题白茶砖"。

★ 2月4日，"品品香"牌福鼎白茶荣获"中国名牌农产品"称号。

★ 4月26日，词作家王健、省文联副主席章绍同一行莅鼎开展福鼎白茶歌曲采风创作活动。

★ 5月10日，组团参加"第十五届上海国际茶文化节暨首届上海国际茶业交易会"，期间举办"中国·福鼎白茶推介发布会"。

★ 5月16日，组团参加第四届中国（深圳）国际文化产业博览交易会。

★ 5月，为四川汶川大地震开展赈灾募捐，19家茶叶企业为灾区捐款达30多万元。

★ 5月，开展福鼎白茶广告语征集评选活动。征集到广告语10235条。评选出"福鼎白茶，我喜欢，我健康"等11条入围作品。

★ 6月8日，安徽农业大学校长宛晓春教授、省质检局标准处董秀云科长等为起草白茶国际标准，考察福鼎白茶生产基地和白茶的加工技术。

★ 6月19—22日，首届中国白茶文化节在福鼎市举办。本届茶文化节由中国国际茶文化研究会、中国茶叶流通协会、中国茶叶学会、宁德市人民政府、省农业厅共同主办。期间，举办了中国"太姥杯"白茶王大奖赛、中国茶叶流通协会茶馆专业委员会成立暨"全国百家茶馆"走进中国白茶之乡"福鼎·茶馆"研讨会、"福鼎白茶"精品展、摄影展和中国白茶"自然·健康·和谐"高峰论坛等四项活动。

★ 6月28日，第三届"人文中国·茶香世界"中华茶文化宣传活动在北京人民大会堂隆重举办。福鼎白茶作为白茶类的唯一代表与国内其他五类茶和台湾有机茶被入选为"中国申奥第一茶"，福鼎市郑源茶业有限公司被指定为"中国申奥第一茶"白茶生产基地。在第三届"人文奥运与中华茶文化高峰论坛"上，福鼎市委副书记陈兴华受邀上台作专题演讲。

★ 6月，福鼎市"省农业标准化（茶叶）示范基地"列入省农业厅规划，完成相关的实施方案。

★ 7月5日，中国最大的奥运主题白茶砖作为福鼎市政府送给北京奥运会的礼物正式从福鼎启运进京。

★ 7月12日，福鼎市人民政府与中国人民解放军三军仪仗队共同签署军地共建协议，福鼎白茶成为三军仪仗队特供用茶。

★ 7月28日，省科技厅农业处卓克英副处长一行莅鼎进行省重点科技项目名优"太姥绿茶"采后处理、加工技术及质量标准体系建设项目验收。

★ 8月8日，福鼎白茶国家地理标志保护产品被国家质监局正式公示。

★ 8月10日，福建省乌龙茶、白茶国际标准提案制定工作会议在武夷山召开。福鼎市质监、茶业等单位参加了白茶国际标准提案制定工作。

★ 8月，白茶国家标准公示；白茶国际标准制作样品送省检测技术参数。

★ 8月，省茶树原生品种保护（福鼎大白、歌乐）列入省农业厅规划，完成相关的实施方案。

★ 9月17日，茶界泰斗张天福百岁寿辰庆典在福州举行。福鼎市专门制作了一块镶刻着一百个不同形状寿字的白茶砖，为老人祝寿。

★ 9月22日，福鼎市被农业部确定为全国农产品加工创业基地。

★ 9月23日，世界华商联合总会会长贺兴桐一行莅鼎考察白茶产业及茶文化旅游项目。

★ 10月9日，省经贸委在福州市召开了福建银龙茶叶科技有限公司开发的"复式萎凋白茶"新产品新技术鉴定会。经鉴定委员会评定，"复式萎凋白茶"采用日光复式萎凋机械化工艺，解决了白茶日光复式萎凋加工"离地清洁化、自动化"关键技术，填补了国内空白，技术水平达到国内领先水平，产品品质达到同类产品领先水平。

★ 10月15日，福鼎市被中国茶叶学会评为"中国名茶之乡"。

★ 10月，上海大世界吉尼斯总部确认福鼎市人民政府于2008年6月监制的"福鼎白茶茶砖"为中国最大的茶砖并予以颁牌。中国最大的茶砖选用500公斤福鼎白茶（白毫银针和白牡丹）进行蒸煮，利用传统工艺手工压制而成。茶砖长200.8厘米，宽112厘米，厚19.9厘米。

★ 10月15日，中国茶叶流通协会公布2008年中国茶叶行业百强企业评选结果，市品品香、天湖、广福、绿叶、誉达、莲峰6家茶企业入选。

★ 10月28日，福鼎市被农业部授予全国农产品加工业（福鼎白茶）示范基地。

★ 10月，完成国家茶树良种繁育基地（库房、繁育圃、品种资源圃）的建设。

★ 10月，福鼎白茶制作技艺申报国家级非物质文化遗产保护名录。

★ 11月5日，福鼎市中国白茶研发中心成立。

★ 11月6日，国家商标局公示"福鼎白茶证明商标"。

★ 11月16日至18日，组团参展在武夷山市举办的"第二届海峡两岸茶业博览会"。期间，由上海大世界吉尼斯总部确认中国最大的茶砖（福鼎白茶）被公开拍卖，来自台湾金门酒业实业有限公司以56万元人民币拍走该茶砖。

★ 11月19日，福鼎白茶基地被中国茶叶学会命名为"中国茶叶学会茶叶科技示范基地"。

★ 11月23日下午，福鼎市领导陈兴华、刘学斌率队慰问驻防在广东汕头的"福鼎艇"官兵，向"福鼎艇"官兵送上了慰问金和优质的福鼎白茶，茶艺队表演了独具魅力的福鼎白茶茶艺。

★ 12月3日，福鼎市和中国疾控中心食品营养与食品安全研究所签订福鼎白茶保健功能与作用开发研究项目合作协议。

★ 12月23日，国家质检总局在北京召开福鼎白茶地理标志保护产品专家审查会，参加审查会的专家们同意对"福鼎白茶"给予国家地理标志产品保护。

★ 12月24日，北京·福鼎白茶销售专柜授牌仪式在北京马连道举行，市领导向来自北京、天津的35家福鼎茶叶经营网点颁发"福鼎白茶销售专柜"标识牌。

★ 12月29日，举办首届福鼎白茶茶叶包装物评比大赛，品品香、绿叶、芳茗三个品种的包装物获得金奖，莲峰等5个品种的包装物获得银奖，广福等7个品种的包装物获得铜奖。

★ 2008年，福鼎市7家茶企业分别参加第四届全国"中绿杯"名优绿茶、第十五届上海国际茶文化节"中国名茶"、福建省第五届"闽茶杯"名优茶、"东方神韵杯"第三届中华名茶、第五届中国国际茶业博览会名优茶、第七届（韩国）国际名茶博览会、中国茶叶品牌"金芽奖"评选，共摘取15个金奖，5个银奖。

2009年

★ 1月2日-3日，福鼎市茶业发展领导小组办公室等12家单位联合主办的"'农信杯'首届福鼎白茶茶艺大赛"在福鼎市隆重举行。大赛分为少儿组、企业组、茶楼组，设立了特等奖、一等奖及特别表演奖、最佳创意奖、最佳才艺奖等奖项。共吸引了全市茶企业、茶楼、城区小学等26支茶艺队参与。

★ 1月13日，乌龙茶、白茶国际标准提案研讨会在福鼎市召开，研讨会上，专家们分别对乌龙茶、白茶的国际标准提案中涉及的制茶工艺、茶叶检测项目标准等草案进行了热烈讨论。福建省质量技术监督局副局长林文平、福鼎市委副书记陈兴华以及省内外茶叶专家和茶业界代表参加研讨会。

★ 1月20日，"'首届全国中学生地理标志征文及商标知识大赛'活动启动仪式暨新闻发布会"在北京人民大会堂一楼新闻发布厅举行，由此拉开了"福鼎白茶杯"首届全国中学生我身边的地理标志产品征文大赛的序幕。全国政协副主席厉无畏、国家工商总局副局长付双建、共青团中央书记处书记罗梅等出席当天的启动仪式。共青团中央中国少年儿童新闻出版总社社长兼总编辑李学谦宣布活动正式启动。福鼎市委副书记陈兴华在启动仪式上向与会来宾和中学生们介绍了福鼎白茶。7月2日，在人民大会堂举行颁奖仪式。

★ 2月5日，福建品品香茶业有限公司被认定为福建百家企业知名字号。

★ 2月，省人民政府发布公告，根据福建省名牌产品评价程序，经省名牌产品评定工作委员会评审，省政府同意授予太姥绿叶牌福鼎白茶、绿雪芽牌绿雪芽绿茶、银龙牌福鼎白茶、广林福牌福鼎白茶、誉达牌白茶5项产品荣获2008年"福建名牌产品"称号。此前，福鼎市的品品香牌福鼎白茶已经荣获"福建名牌产品"称号。这样，福鼎市就有6家茶企业的产品荣获"福建名牌产品"称号。

★ 4月8日，海峡茶业交流协会会长张家坤一行莅鼎调研指导茶业发展工作。

★ 4月9日，福鼎市的"福鼎白茶"、"品品香"两品牌入选由宁德晚报社、宁德网联合主办的"白水洋杯·宁德十大影响力品牌"评选活动十大影响力候选品牌。

★ 4月9日至11日，省炎黄文化研究会、省作家协会联合组织的"走近福鼎白茶"采风组一行30多人，在原省委副书记、省炎黄文化研究会会长何少川，原省文联主席、省炎黄文化研究会副会长许怀中等的带领下，莅临福鼎开展采风创作活动。后出版《白茶祖地，海上仙都》重要作品集。

★ 4月12日，在"2009上海豫园国际茶文化艺术节"上，我市的品品香茶业、天湖茶业、誉达茶业生产的白毫银针被中国国际茶文化研究会授予"中国顶尖名茶"称号。

★ 4月20日至21日，斯里兰卡国家商会绿茶考察团一行26人，到福鼎市考察茶产业并进行技术上的交流。

★ 4月21日，全国政协委员、香港新闻工作者联合会主席、香港文汇报顾问张国良一行5人，抵达福鼎考察福鼎市旅游及茶产业发展情况。

★ 4月27日，福鼎白茶品茗会在北京老舍茶馆举办。

★ 5月16日，由福建省农业厅组织的2009年度全省名优绿、红、白茶鉴评活动在省茶叶质量监督检测站举行，福鼎白茶喜创佳绩：白茶名茶中，福鼎市茶企送的福鼎白茶样品不仅囊括金银奖，还获8个名茶奖中的7个名茶和全部10个优质奖。此外，绿茶也获得1个金奖，1个名茶和1个优质茶；红茶获得了2个名茶和3个优质茶奖。

★ 5月份，"福鼎白茶"被正式批准为国家地理标志产品保护并正式获得保护，保护范围为福建省福鼎市现辖行政区域。

★ 6月19日，全国政协委员、国家茶叶质量监督检测中心主任、全国供销合作总社杭州茶叶研究院原院长骆少君研究员，中国疾病预防控制中心食品与营养研究所研究员、中国食品毒理协会副秘书长韩驰研究员，中共福鼎市委副书记陈兴华应邀作客福建电视台《财富论坛》栏目，纵论福鼎白茶的发展，与现场观众共品福鼎白茶的"自然之美，健康之道"。

★ 6月20日，福鼎白茶斗茶公开赛在福建博物馆举行。由专家骆少君、韩驰、孙威江等6人评审团对福鼎出产白毫银针、白牡丹、白琳工夫等三大茶叶类别进行"斗茶"，评定郑源茶业生产的白毫银针、绿叶茶业生产的白牡丹、天毫茶业生产的白琳工夫获得"茶王"称号。

★ 6月20日，由海峡茶业交流协会、福建农林大学、福鼎市人民政府主办，福建省博物院协办的"我喜欢·我健康"2009福鼎白茶仲夏品茗会在福州西湖畔的易安居茶道会所举办。

★ 7月2日至7月5日，2009大连第五届品牌茶博览会暨海峡两岸茶交流会在大连举办，福鼎白茶首次亮相东北美丽的滨海旅游城市——大连，受到大连市社会各界的广泛关注，大连市民慕名纷纷来到福鼎白茶展馆参观，兴趣勃勃地品赏福鼎白茶，交口称赞福鼎白茶是茶中珍品。

★ 8月10日，两年一度的全国"中茶杯"名优茶评比结果揭晓，福鼎市茶企送评的茶叶样品再次扬名全国，斩获第八届"中茶杯"名优茶评比4个特等奖，17个一等奖。福鼎市莲峰茶业有限公司选送的"三泉牌"白毫银针、福建绿叶茶业发展有限公司选送的"太姥绿叶牌"白毫银针和福建郑源茶业有限公司选送的"郑传源牌"白毫银针分别荣获白茶类特等奖；福鼎市莲峰茶业有限公司选送的"三泉牌"三泉贡芽荣获绿茶类特等奖，特别值得一提的是，三泉贡芽已连续三届在"中茶杯"评比中获得了该项荣誉。

★ 8月13—15日，2009首届香港国际茶展在香港会议展览中心隆重举办，福鼎市组织10家骨干茶企业赴港参展。期间，福鼎白茶茶艺表演队在香港国际会展中心为来宾表演中华茗茶日——福鼎白茶茶艺之银装素裹茶艺。

★ 8月29日，闽浙边贸点头茶花交易专业市场申报省级标准化农产品批发市场顺利通过了省级专家组的评估审定，这是福鼎市继粮油批发专业市场后又一通过省级标准化农产品批发市场审定的专业市场。

★ 9月5日，福鼎市的品品香、绿叶、天湖、广福、银龙、誉达、郑源7家茶企业入选2009年中国茶叶行业百强企业。

★ 9月26日，"福鼎白茶"杯福州暑期少儿茶艺大赛圆满落幕。来自福州与福鼎的多个家庭参加比赛，福鼎市实验小学的王葳凭借流畅的茶艺表演和与众不同的创意捧走了"冠军"奖杯。

★ 10月11日，宁德市茶业产业五项"十佳"评选活动昨日揭晓，福鼎市白琳镇、点头镇荣获"十佳产茶先进乡镇"称号，品品香、天湖、广福、誉达荣获"十佳茶业企业"，夏增某荣获"十佳制茶能手"、苏尔法荣获"十佳种茶能人"、林立慈荣获"十佳支持茶业发展热心人物"称号。

★ 10月24日，市长陈其春、市委副书记陈兴华等到北京马连道京闽茶城、马连道茶城、北京国际茶城等处，看望慰问在此开设商铺的福鼎籍茶商。

★ 11月3日，福鼎白茶作为中国白茶的典型代表，入选"中国世博十大名茶"。

★ 11月6日，由第三届海峡两岸茶博会筹委会秘书处、团市委、市教育局、茶业局、少工委等联合举办的"福鼎白茶杯·闽东未来茶叶之星"评选活动，揭晓。经专家评选，授予蕉城区九都中心小学等10个单位为"闽东未来茶叶之星"先进集体;陈雨洁等86名选手为"闽东未来茶叶之星"优秀个人荣誉称号。

★ 11月10日，在四川成都浦江县召开的中国茶业经济年会上，福鼎市被评为全国十大产茶县市。

★ 11月13日，中国茶叶学会年会举办的福鼎白茶展馆开馆，由此也拉开了备受关注的第三届海峡两岸茶业博览会福鼎分会场活动的序幕。福鼎作为第三届海峡两岸茶博会分会场，专门在位于福鼎市金九龙大酒店B楼一层设立年会展馆及福鼎白茶展馆，展馆占地628平方米，设有年会展示区、福鼎白茶区精品区及品茗区三大展区。中国茶叶学会秘书长、农业部农产品加工中心茶叶专业分中心主任、中国农业科学院茶叶研究所副所长、研究员江用文，福鼎市委副书记、市茶叶发展领导小组组长陈兴华，市人大副主任刘学斌，市政府副市长陈辉，市政协副主席吴祖霖出席开馆仪式并剪彩。

★ 11月14日，第三届海峡两岸茶业博览会福鼎分会场，中国世博十大名茶招管会、中国世博十大名茶活动组委会主任黄汉庆代表2010上海世博会联合国馆与福鼎市人民政府陈其春市长签署了"太姥银针"白茶准入联合国馆专用茶协议，同时进行的还有授牌和授证书仪式。中国世博十大名茶招管会顾问刘启贵宣布福鼎白茶入选决定，副主任于观亭颁发证书，副主任舒曼宣读授牌牌记。

★ 11月15日，世界茶禅、茶道、茶艺表演赛在福鼎举行，参赛的有日本宝千流煎茶道、中国资国禅茶道、中国台湾佛法山禅茶道、韩国禅茶会禅茶道、韩国禅礼院曼茶罗禅茶道及韩国熟盂会年华禅茶道等6个代表队参赛。最后，中国台湾佛法山禅茶道和日本宝千流煎茶道获得金奖。

★ 11月15日，作为第三届海峡两岸茶博会重要组成部分的首届"中国·太姥山资国禅茶文化国际研讨会"在福鼎市举行。

★ 11月16日，第三届海峡两岸茶业博览会在福建宁德开幕。来自海峡两岸各主要产茶区和欧盟、日本、俄罗斯、东南亚等地的近千名经销商参展。除茶业展览外，茶博会还举办了茶业国际高峰论坛、海峡两岸茶业交流研讨、国际禅茶文化研讨会等系列茶事活动。

★ 11月16日，来自韩国、日本、中国台湾及中国大陆数百名嘉宾与茶叶爱好者齐聚福鼎市资国寺，共同泡茶、品茶，营造了"世界茶人共一家"的气氛。

★ 11月16日，在宁德会展中心内，茶业展销展览馆正式开馆。福鼎白茶主展区设在宁德特装馆，占地面积600多平方米，有10多家茶业企业参加展览活动，主要有茶企业产品展示、茶艺表演、茶文化介绍、银幕展播等多种形式。福鼎白茶品牌展馆是本次展会的重要亮点，展馆内身着仙女盛装的《太姥仙子》精彩的茶艺表演，让过往来宾争相驻足。展馆内还有少儿茶艺表演等许多有特色的茶艺表演。

★ 11月18日，来自台湾嘉义县阿里山的乡民代表会和茶企负责人一行9人到点头镇进行考察交流。此前阿里山乡民代表会和点头镇已于16日在宁德签署了合作意向书。

★ 12月10日，"2009中国(深圳)国际茶艺友好邀请赛"在深圳举办。福鼎白茶表演队以其清新、靓丽的风格，超凡脱俗的表演获得评委和现场观众的认可，被评为"2009中国(深圳)国际茶艺友好邀请赛最佳观赏表演奖"。

★ 12月21日，中国国际茶文化研究会福建会员2009年度年会在我市召开。

2010年

★ 1月15日，国家工商总局商标局在商标管理案件中认定的293件驰名商标公告中，"福鼎白茶"名列其中，标志着"福鼎白茶"商标已通过国家工商总局商标局的相关评审，正式获得中国驰名商标。

★ 1月20日，为进一步打造福鼎白茶品牌形象，福鼎市决定在全国范围内公开选拔5名"中国世博白茶仙子"，作为上海世博会联合国馆志愿者参加世博会系列活动，并代表福鼎白茶参加国内外重大茶事活动。

★ 2月2日，福鼎市被农业部评为"全国无公害茶叶生产优秀基地示范县（市）"。

★ 2月3日，福建太姥白茶生态科技股份有限公司和浙江大学茶学系签署了现代茶产业化工程建设高科技茶系列产品研究开发项目合作协议，这标志着浙江大学首次在福建范围内与制茶企业高科技研发合作启动，也标志着福鼎茶产业进入高科技研发时代。

★ 3月9日至10日，受罕见强冷空气影响，福鼎市大部分茶园嫩梢受冻，全市约15万亩的特早芽及早芽品种茶树受到不同程度的冻害，其中约1万亩的早逢春、福云6号等特早芽品种受冻害影响尤为严重，除寒潮前采收部分茶青外，头轮梢的大部分芽叶均受严重冻焦，造成直接经济损失7600万元。为应对此次寒潮，福鼎市组织了市、乡两级茶技站技术人员及时深入茶区，指导茶农做好防冻抗寒工作，将冻害损失减小到最低程度。

★ 3月22日，在贵州省都匀市举办的第四届都匀毛尖茶节暨中国世博十大名茶走进都匀活动中，福鼎白茶与都匀毛尖等十家"世博十大名茶"茶树入植"中国世博十大名茶植物园"。福鼎市委副书记陈兴华出席茶节并为该园揭幕。

★ 3月26日，在杭州举行的"2010西湖国际茶文化博览会开幕式暨中国世博十大名茶授牌仪式"上，以福鼎白茶（太姥银针）为代表的世博十大名茶宣布正式"结盟"，进驻世博会联合国展馆。

★ 3月28日，由福建省扶贫开发协会、福鼎市人民政府主办的首届福鼎（点头）开茶节暨"强村富民话白茶"主题征文活动在中国白茶原产地点头镇大坪村隆重开幕。

★ 3月28日，福鼎白茶股份有限公司挂牌成立。福鼎白茶股份有限公司是由福鼎市11家茶业龙头企业发起成立的股份制茶业旗舰型企业。

★ 4月9日，为期半个月的2010上海豫园国际茶文化艺术节拉开帷幕，这是以"豫园茶香、韵添世博"为主题的中国茶，在豫园商城举行的世博前的热身赛。市委副书记陈兴华率团赴会，10名"中国世博福鼎白茶仙子"首次在大上海精彩亮相，拉开了我市参与上海世博会政府类项目的序幕。

★ 4月19日，福鼎白茶新产品（白茶饮料）研发成果发布会在福鼎召开，标志着福鼎白茶饮料正式上市。福鼎白茶饮料由福建轻工研究所研制，并通过省科技厅科技成果鉴定，系选用优质福鼎白茶为原料，用现代工艺对茶叶进行萃取加工，该产品不仅色泽清澈透亮，还带着清新的茶香，使人饮用时充分享受鲜爽可口的茶滋味。这项技术填补了国内白茶饮料的空白。同时，由福建誉达茶业有限公司生产的首批1000箱白茶捐赠甘肃玉树地震灾区，福鼎市慈善总会接收了捐赠产品并将以最快速度送往灾区。

★ 4月24日，由上海世博园联合国馆、中国茶叶学会、"中国世博十大名茶组委会"主办的"世博茶寿星"颁奖大会在上海世博园联合国馆举行。福鼎当选的2名"中国世博白茶寿星"是从福鼎全市100多健康老人中选拔、推荐产生的，他们分别是93岁的陈上奏、92岁的林匡翰。

★ 4月24日，5名福鼎白茶茶仙子与另外50位"中国世博茶仙子"汇聚上海世博会联合国馆接受证书，在以"品茶，美丽淑雅——中国世博茶仙子"为主题的中国世博茶仙子颁奖活动中，福鼎白茶仙子夏橙荣获"最佳甜美茶仙子"。

★ 4月30日，中共中央政治局常委、中央书记处书记、中华人民共和国副主席习近平来到上海联合国馆参观。在联合国助理秘书长、上海世博会联合国展区总代表阿瓦尼·贝南先生陪同下来到了联合国馆内的中国茶展区，参观了福鼎市白茶展馆。

★ 5月15日，福鼎白茶等"中国世博十大名茶"正式入驻上海世博会联合国馆，世博会中国茶展示区同时启动，福鼎白茶茶艺表演作为"中国世博十大名茶"的首场表演秀让参观上海世博会联合国馆的中外游客一饱眼福。宁德市委副书记、政法委书记唐颐及福鼎市领导陈兴华、陈辉、林元军出席活动。

★ 5月17日，在《文化部办公厅关于公示第三批国家级非物质文化遗产名录推荐项目名单的公告》中，福鼎白茶制作技艺列入第三批国家级非物质文化遗产名录推荐公示项目。

★ 5月21—24日，2010年中国（上海）国际茶博会在上海国际展览中心开幕。福鼎13家茶叶龙头企业组团"打包"参加了本届上海茶博会，向中外游客展示"中国世博十大名茶"——福鼎白茶，福鼎白茶茶艺队还现场表演了主题为"畲乡茶韵之白茶飘香"的茶艺秀。宁德市副市长江振长及福鼎市领导陈兴华、刘学斌、陈辉、张德志、林立慈出席系列活动。

★ 6月1日，品品香河山生态有机茶基地通过省农业厅申报，成功列入农业部茶叶标准园创建点。位于福建省福鼎市太姥山延伸山脉管阳河山，海拔在700米以上，环境优美，也是福鼎白茶全国标准化示范基地。

★ 6月2日，省委书记孙春兰一行在宁德市委书记陈荣凯陪同下莅临福鼎考察茶企业。在考察中，孙书记详细了解了福鼎白茶的历史文化、保健功效及白茶企业的发展状况。

★ 6月10日，宁德市举办的"第四届茶王赛暨茶叶包装评比活动"获奖名单公布，活动最终从196个茶样中评选出绿茶、红茶、白茶(白毫银针、白牡丹)、乌龙茶茶王各一个。"白茶茶王"名号被来自福建省天湖茶业有限公司的"绿雪芽"牌太姥银针和来自福建品品香茶业有限公司的"品品香"牌白牡丹共享。还囊括白茶全部奖项及部分红茶金奖、优质奖，绿茶优质奖等。

★ 6月18日，第八届中国·海峡项目成果交易会海峡两岸妇女交流活动暨妇女创业创新成果博览会在福建省海峡国际会展中心拉开帷幕。福鼎白茶仙子茶艺表演队作为海峡两岸项目成果交易会组委会、福建省妇联特别邀请的"妇女创业创新成就"的海峡两岸妇女交流活动系列节目之一，为参加海峡两岸妇女交流活动的中外嘉宾和游客献上了一场技艺高超、品性高雅的茶道表演。全国妇联副主席、书记处书记孟晓驷等领导观看了"福鼎白茶茶艺"表演，品尝了极品白茶。

★ 6月20日，"2010中国茶叶区域公用品牌价值"评估结果发布，"福鼎白茶"品牌评估价值为22.56亿元人民币，名列全国第六名，"福鼎白琳工夫"品牌评估价值1.8亿元。

★ 7月7日，全国茶叶标准化技术委员会白茶工作组在福鼎正式成立。全国茶叶标准化技术委员会白茶工作组主要负责国家白茶标准项目的制修；白茶国内外标准的跟踪；白茶育种、栽培、加工、检测等新技术的研究与探讨；白茶标准的培训、咨询等方面工作。

★ 8月6日，上海世博会联合国馆"世界和谐茶会"拉开帷幕。福鼎市委副书记陈兴华代表57万福鼎人民向联合国副秘书长、联合国馆总代表阿瓦尼·贝南赠送了福鼎白茶，将永久收藏在联合国馆总部向世人展示。

★ 8月7日，福建茶文化茶产业推广活动"闽茶中国行"上海站"感受白茶·共享健康"世博十大名茶之福鼎白茶香飘申江活动在上海豫园戏苑隆重举行。在"感受白茶·共享健康"互动式论坛活动中，国家茶叶质检中心主任骆少君、陕西省考古研究院研究员张蕴、中国世博十大名茶总策划舒曼先生先后讲述了福鼎白茶的历史特性与健康功效。同时，福鼎市政府与上海豫园文化传播有限公司签署长期合作协议。这是福建产茶区政府和上海当地文化传媒公司的首次合作，上海豫园文化传播有限公司将会针对福鼎茶文化茶产业制订一系列包装推广计划，并授权上海得和茶馆、友缘茶馆为白茶推广中心。

★ 8月12日，第二届香港国际茶展在香港会议展览中心隆重登场。福鼎白茶9家茶企踊跃"抱团"参展，将福鼎的茶叶龙头企业推向国际市场。

★ 8月13日，在福州由省农业厅种子管理站组织的"2010年福建省茶树新品种初审会"上，福建省农作物品种审定委员会茶树专业委员会的7位专家经过质询和认真讨论，一致认为福鼎市繁育的歌乐茶具有推广利用价值，适宜在福建省红、绿、白茶区种植，同意报请福建省农作物品种审定委员会予以审定。此前，由省农业厅农技推广总站高峰站长带队的专家组莅临我市，对歌乐茶品种进行现场考察评议。

★ 9月3日，《地理标志产品——福鼎白茶》福建省地方标准专家审定会在福州市召开。来自福建农林大学、福建省农业厅、福建省产品质量研究院、福建省农科院茶叶研究所等部门的专家教授一致同意该标准通过审定。

★ 9月16日，由中国茶叶流通协会、海峡茶业交流协会、省扶贫开发协会（扶贫基金会）省新闻工作者协会等5单位主办的"百名记者话白茶·2010福鼎白茶中秋品茗会"在福州举行，来自海内外的百名记者相聚品白茶、话白茶。

★ 10月15日，宁德市委、市政府对外交往礼茶专供生产企业授牌仪式举行，福建省广福茶业有限公司成为宁德市对外交往礼茶专供生产企业。

★ 10月16日，国家级非物质文化遗产——福鼎白茶制作技艺应邀参加由文化部、山东省政府共同主办的在山东省济南市举行的首届中国非物质文化遗产博览会。

★ 10月23日，由中国散文年会组委会、《散文选刊·下半月》杂志社、《安徽文学》杂志社共同主办，福鼎市人民政府承办的"全国百名作家看白茶"2010中国散文笔会在福鼎隆重开幕。著名诗人、作家汪国真，著名作家、中国书画院院长陈奕纯，长篇小说《银狐》的作者、作家郭雪波，美国《国际日报》副刊主编施玮，中国散文年会组委会主任、《长篇小说》杂志社主编、《散文选刊·下半月》、《安徽文学》杂志社执行主编、作家蒋建伟，《散文选刊·下半月》《长篇小说》《安徽文学》杂志社副主编、评论家黄艳秋，著名导演、作家翟俊杰少将，国家广电总局剧本中心副主任、电影组审查专家高尔纯，《青年文摘》总编辑续文利，著名军旅作家、吉林省军区副司令员贾凤山少将等近100位作家参加了活动。

★ 10月28日，第六届中国茶业经济年会暨2010中国贵州国际绿茶博览会隆重召开。会上，福鼎市继2009年荣获"全国重点产茶县"后，再一次荣获"全国重点产茶县"。品品香、绿叶、广福、天湖、莲峰、银龙、郑源、誉达，荣膺2010年度中国茶叶行业百强企业。

★ 11月5日，由中国茶文化国际交流协会、厦门市总商会、厦门国际商会共同主办为期4天的2010中国厦门国际茶业展览会在厦门拉开帷幕，福鼎市委副书记陈兴华向境内外200多家企业推介福鼎白茶。品品香、天湖、绿叶、天毫4家企业组团参展。

★ 11月10日，广州茶文化促进会受亚组委委托，在亚运会媒体村设立的"中国茶馆"特别邀请了代表我国六大茶类的品牌茶企进驻，福建誉达茶业有限公司的福鼎白茶榜上有名。

★ 11月16日，在第四届海峡两岸茶业博览会期上，福鼎市荣膺"福建省十大产茶大县"，点头镇荣膺"福建十大产茶明星乡镇"，品品香茶业、誉达茶业、天毫茶业、绿叶茶业4家福鼎茶叶企业荣膺"福建十大茶企业"，福建品品香茶业有限公司董事长林健当选"福建十大茶人物"。

★ 11月19日，地理标志产品福鼎白茶省地方标准正式发布。

★ 11月23日，福鼎市与中华全国供销合作总社杭州茶叶研究院签订科技合作协议，共同构建政、产、学、研一体化的现代农业科技创新体系。副市长何普明代表福鼎市政府与杭州茶叶研究院院长张士康就"福鼎市与杭州茶叶研究院科技合作协议"进行签订协议。签约仪式上，中华全国供销合作总社杭州茶叶研究院为福鼎市"国家全国供销合作总社茶叶科技创新示范县（市）"授牌。

★ 11月23日，"国家级评茶员职业技能鉴定福鼎工作站"在福鼎成立。

★ 12月23日，福鼎白茶广州万人品茗体验活动启动。并组团参加第十一届广州国际茶文化节暨2010中国（广州）国际茶业博览会。

编　后

　　历时半年之久，经过层层遴选，反复修改，《强村富民话白茶》主题征文优秀作品集终于可以结集成书了！

　　"强村富民话白茶"主题征文由福建省扶贫开发协会、福鼎市人民政府、闽东日报社共同主办，活动以白茶为媒，以强村富民为主题，以大力弘扬茶文化、发展茶产业为主线，坚持服务民生、打造品牌、做强产业、促农增收的要求，实现政府搭台、企业唱戏，提高福鼎白茶的知名度和竞争力，进一步激励更多力量参与、共同促进福鼎白茶产业又好又快发展。征文活动得到了广大茶人、茶商和社会各界人士的积极响应、热情关注和大力支持，共收到文字稿件186篇，图片120幅，来稿作者覆盖了10多个省（直辖市、自治区）。征文来稿体裁形式多样，内容丰富多彩，从不同角度表达了作者对福鼎白茶的深厚感情，生动地反映了福鼎白茶发展的光辉历程和取得的辉煌成就。为配合征文宣传活动，大部分获奖作品和部分优秀作品分别先后在《闽东日报》、《闽浙边界》、宁德网、福鼎新闻网上发表。

　　为了巩固征文成果，我们决定出版《强村富民话白茶》主题征文优秀作品集，除了收录了包括一等奖、二等奖、三等奖和优秀奖在内的全部获奖作品（不含文学、摄影类），还择优选用了近年来宣传福鼎白茶的重要新闻作品。全书按写作的重点内容分九个部分共70多篇文章，并配上图片，力求图文并茂。此外，为了让读者全面了解福鼎白茶特色品牌的打造历程，我们对2008年以来所发生的有关福鼎白茶的重大事件进行归纳、收集，整理为"福鼎白茶大事记"，以便读者进一步了解福鼎白茶产业发展过程，认识福鼎白茶，喜欢福鼎白茶。

　　本届征文与出版活动得到了各级领导和社会各界人士的热情鼓励尤其是扶贫系统的大力支持。原福建省人大常委会主任袁启彤为本书题写书名，原福建省政协副主席、福建省扶贫开发协会会长陈增光多次过问本书的编辑进度并作序，闽东日报社领导、福鼎市委书记倪政云、市长陈其春也十分关心征文活动与本书的编辑出版，对整个过程进行指导并作序，福鼎市新闻中心、茶业协会、茶产业领导小组办公室和出版社的有关同志为征文活动的开展和优秀作品集的出版付出了辛勤的劳动。借此机会，我们谨表示衷心的感谢和崇高的敬意。

　　由于时间仓促，编辑水平有限，《强村富民话白茶》主题征文优秀作品集编辑出版中存在的不尽如人意之处，敬请读者批评指正。

编　者

2011年5月